全国高等医学院校配套教材

药学课程学习指导与强化训练

供药学、药剂学、临床药学、药品营销、中药学、制药工程、制剂工程等专业用

分析化学学习指导

主　编　开丽曼·达吾提　常军民

副主编　孙　莲　李改茹

哈及尼沙·吾甫尔

科学出版社

北　京

内 容 简 介

　　本书是根据药学类本科分析化学教学大纲基本要求、结合医学生教学培养特点编写的,是本科教材《分析化学》的配套教材。全书内容共分8章,分别是绪论、误差和分析数据处理、滴定分析法概论、酸碱滴定法等。另外,书后附有分析化学常用仪器英文词汇及分析化学汉英名词词库,以供参考。每章内容分复习要点、强化训练及参考答案三部分,目的是强化学习与复习。特点是内容全面、实用性强。

　　本书可供全国高等医学院校药学、药剂学、临床药学、药品营销、中药学、制药工程、制剂工程等专业本科学生使用。

图书在版编目(CIP)数据

分析化学学习指导/开丽曼·达吾提,常军民主编.—北京:科学出版社,2006

全国高等医学院校配套教材·药学课程学习指导与强化训练

ISBN 978-7-03-017923-4

Ⅰ.分… Ⅱ.①开…②常… Ⅲ.分析化学-医学院校-教学参考资料
Ⅳ.O65

中国版本图书馆 CIP 数据核字(2006)第 100872 号

责任编辑:郭海燕　农　芳　夏　宇/责任校对:郑金红
责任印制:张　伟/封面设计:黄　超

科 学 出 版 社出版
北京东黄城根北街 16 号
邮政编码:100717
http://www.sciencep.com

北京凌奇印刷有限责任公司印刷
科学出版社发行　各地新华书店经销

*

2006 年 8 月第　一　版　　开本:787×1092　1/16
2020 年12月第三次印刷　　印张:8
字数:179 000

定价:35.00元
(如有印装质量问题,我社负责调换)

前　言

　　分析化学的基本原理和方法不仅是分析科学的基础,也是从事生物、环境、医药、化学及其他相关分支学科药学教育等学习与研究的基础。分析化学与药学专业课程有着密切的联系,其研究方法与检测原理在于使学生建立起严格的"量"的概念,培养学生从事理论研究与实际工作的能力及严谨的科学作风具有重要的作用。

　　分析化学作为药学专业的一门主干基础课程之一,其教学的目的和要求在于:传授学生定量分析的基本化学原理和基本分析方法;分析测定中的误差来源分析、误差的表征、实验数据的统计处理的原理与方法,分析测试过程中的质量保证与有效测量系统;了解分析化学在医药保健、工业生产、国防建设、社会法制、环境保护、能源开发、生命科学等领域中的应用和发展,了解其他相关学科发展对分析化学的作用,了解分析化学发展的方向。本书的学习,培养学生掌握分析化学处理问题的方法和进一步获取知识的能力和创新思维的习惯。

　　教育改革的关键是转变教育思想、改革人才培养的模式,实现教学内容、课程体系、教学方法和教学手段的现代化。然而培养学生创新能力和逻辑思维能力的关键步骤之一是对所学知识的应用和实践,通过强化训练的演练,既可以考查对知识的理解运用又可达到培养学生各种能力的目的。

　　本书依据药学类本科分析化学教学大纲的基本要求,本着培养学生的思维方法和创新能力,既传授知识又开发智力,既统一要求又发展个性的目的,为帮助学生更好地学习分析化学课程而编写。

　　本书是药学专业本科《分析化学》配套教材,也可以作为高等院校药学相关专业的学习参考书。

　　由于编者水平有限和时间仓促,难免有错误和疏漏,敬请各位同仁和读者不吝赐教。

编　者

2006 年 7 月

目　录

第一章 绪 论

复习要点

一、分析化学的任务和作用

1. 分析化学的定义　分析化学是研究测定物质组成的分析方法及其相关理论的科学。
其他定义:H. A. Laitinen 定义分析化学是化学表征与测量的科学。

欧洲化学会联合会(FECS)化学部(DAC)定义:"分析化学是发展和应用各种方法、仪器、策略以获得有关物质在空间和时间方面组成的信息的科学。"

2. 任务

(1) 鉴定物质的化学成分:定性分析。

(2) 测定各组分的含量:定量分析。

(3) 确定物质的结构:结构分析。

3. 作用

(1) 21 世纪是生命和信息科学的世纪,科学技术和社会生产发展的需要要求分析化学尽可能快速、全面和准确地提供丰富的信息和有用的数据。

(2) 现代分析化学正在把化学与数学、物理学、计算机科学、生物学、精密仪器制造科学等学科结合起来。

(3) 在工农业生产、科学技术、国防建设等方面起着重要作用。

(4) 在各学科的研究中所起的作用——科学技术的眼睛,是进行科学研究的基础(图1-1)。

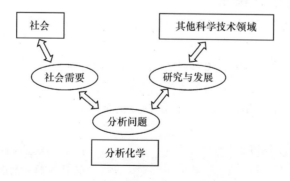

图 1-1　分析化学与其他学科的结合

分析化学应用领域见表 1-1:

表 1-1 分析化学的应用领域

环境分析	食品分析	生化分析	药物分析
临床分析	材料分析	毒物分析	法医分析
地质分析	星际分析	在线分析	表面分析

分析化学对在人们对环境问题的认识和对工业生产、人类健康领域和环境保护中的质量控制系统的建立做出了重大贡献。

环境分析:分析化学在更低浓度水平上和更复杂基质中检测和在分子水平上分析的能力,能够鉴别出环境样品中更多的组分,从而提供对即将发生的对人类和生物群的环境威胁或危害的早期预报。

二、分析化学发展简史

1. 人类有科学就有化学,化学从分析化学开始(表 1-2)。

表 1-2 分析化学发展史

时间	国家或人名	文章名或书名
1661	Boyle	*The Sceptical Chemist*
1841	Fresenius	《定性分析导论》、《定量分析导论》
1885/1886	Mohr	《化学分析滴定法专论》
1862	Fresenius	*Zeitschrift fur analystische Chemie*(第一本分析化学杂志)
1874	英国	*Analyst*
1887	美国	*Analytical Chemistry*(第一本物理化学杂志问世)
1894	Ostward	"分析化学科学基础"奠定经典分析的科学基础

2. 三次重大变革

(1)经典分析化学:19 世纪末至 20 世纪 30 年代,溶液中四大平衡理论,使分析化学从一门技术转变成一门独立的科学。

(2)近代分析化学:20 世纪 30~70 年代,开创了仪器分析的新时代——物理方法大发展。

(3)现代分析化学:20 世纪 70 年代至现在,以计算机应用为主要标志的信息时代的到来,促进了分析化学的发展,也提出了更多的课题和要求。

在确定物质组成和含量的基础上,提供物质更全面的信息。因此,一些新技术和新方法也就应运而生。

常量-微量及微粒分析　　　　　　　静态-快速反应追踪分析

组成-形态分析　　　　　　　　　　破坏试样-无损分析

总体-微区表面分析及逐层分析　　　离线(脱线)-在线过程分析

宏观组分-微观结构分析

三、分析方法的分类

1. 按任务分　结构分析,组成分析(定性分析、定量分析)。
2. 按研究对象分　无机分析、有机分析。
3. 按试样用量和操作方法分

常量分析:>0.1g,>10mL。

半微量分析:0.01~0.1g,1~10mL。

微量分析:0.1~10mg,0.01~1mL。

超微量分析:<0.1mg,<0.01mL。

4. 按方法原理分

化学分析法:重量分析法,滴定分析法(酸碱、络合、沉淀、氧化还原)。

仪器分析法:光学分析法、电化学分析法、热分析法、色谱分析法等。

5. 其他特殊命名的方法　仲裁分析、例行分析、微区分析、表面分析、在线分析等。

四、分析化学在环境科学中的作用

分析、检测环境污染物,为环境评估、决策提供依据。

美国科学院350多位专家综合出版的《化学中的机会》(*Opportunities in Chemistry*)一书中指出,分析化学在推动我们弄清环境中的化学问题起着关键作用,并认为在认识环境及保护环境的过程中,分析化学与反应动力学将起着"核心"作用。

强 化 训 练

一、单选题

1. 试样用量为 0.1~10mg 的分析称为(　　)
   A. 常量分析　　　　B. 半微量分析　　　　C. 微量分析
   D. 痕量分析　　　　E. 超微量分析
2. 试液体积在 1~10mL 的分析称为(　　)
   A. 常量分析　　　　B. 半微量分析　　　　C. 微量分析
   D. 痕量分析　　　　E. 超微量分析
3. 下列属于光谱分析的是(　　)
   A. 色谱法　　　　　B. 电位法　　　　　　C. 永停滴定法
   D. 红外分光光度法　E. 配位滴定
4. 下列分析方法为经典分析法的是(　　)
   A. 光学分析　　　　B. 滴定分析　　　　　C. 色谱分析
   D. 红外分光光度法　E. 电化学分析

5. 不是仪器分析法的特点是(　　　)

    A. 准确　　　　　　　　B. 快速　　　　　　　　C. 灵敏

    D. 适于常量分析　　　　E. 适于微量成分分析

6. 鉴定物质的化学组成是属于(　　　)

    A. 定性分析　　　　　　B. 定量分析　　　　　　C. 结构分析

    D. 化学分析　　　　　　E. 仪器分析

二、配伍选择题

    A 电位分析　　　　　　B. 半微量分析　　　　　C. 微量分析

    D. 常量分析　　　　　　E. 超微量分析

1. 用酸碱滴定法测定醋酸的含量(　　　)

2. 用化学方法鉴别氯化钠样品的组成(　　　)

3. 测定溶液的 pH(　　　)

4. 测定 0.02mg 样品的含量(　　　)

5. 测定 0.8mL 样品溶液的含量(　　　)

三、填空题

常量分析与半微量分析的划分界限是:被测物质量分数高于_____% 为常量分析;称取试样质量高于_____g 为常量分析。

四、判断题

1. 分析化学的任务是测定物质中各组分的含量。(　　　)

2. 定量分析就是重量分析。(　　　)

3. 测定常量组分,必须采用滴定分析。(　　　)

4. 随着科学技术的发展,仪器分析将完全取代化学分析。(　　　)

五、简答题

1. 分析化学的研究对象是什么?

2. 简述学习分析化学的要求。

3. 试举出几例分析化学的应用实例。

4. 写出几种有关分析化学学科的国内外专业期刊。

参 考 答 案

一、单选题

1. C　2. B　3. D　4. B　5. D　　6. A

二、配伍选择题

1. D　2. B　3. A　4. E　5. C

三、填空题

0. 1

四、判断题

1. × 2. × 3. × 4. ×

五、简答题

1. 答:分析化学分无机分析和有机分析,无机分析的研究对象是无机物,有机分析的研究对象是有机物。在无机分析中,组成无机物的元素种类较多,通常要求鉴定物质的组成和测定各成分的含量。有机分析中,组成有机物的元素种类不多,但结构相当复杂,分析的重点是官能团分析和结构分析。

2. 答:①掌握各种分析方法的基本原理,树立正确的"量"的概念。②正确地掌握基本实验操作。③初步具有分析和解决有关分析化学问题的能力:能够按药典方法或地方标准承担常规药物的分析检测任务;有科研能力,为今后进一步学习及将来的工作打基础。

3. 答案略。

4. 答案略。

(常军民)

第二章 误差和分析数据处理

复习要点

第一节 测量值的准确度和精密度

分析的核心是准确的量的概念,凡是测量就有误差,减少测量误差是分析工作的重点之一。

一、准确度和精密度

(一) 真值(x_r)

1. 纯物质的理论真值 如纯 NaCl 中 Cl 的含量,一般情况下真值是未知的。

2. 计量学真值 如国际计量大会确定的长度、质量、物质的量单位(如米、千克等);标准参考物质证书上给出的数值;有经验的人用可靠方法多次测定的平均值,确认消除系统误差。

3. 相对真值 认定精确度高一个数量级的测定值作为低一级测量值的真值,如标准试样(在仪器分析中常常用到)的含量。

(二) 平均值($\bar{x}$)

$$\bar{x} = \frac{x_1 + x_2 + \cdots x_n}{n}$$

是对真值的最佳估计。

(三) 误差与偏差

1. 误差(error, E)

测定结果与真实值之间的差值:$E = x - x_r$

绝对误差(absolute error):$E_a = x - x_r$ 有大小、正负。

相对误差(relative error):$E_r = E_a / x_r \times 100\%$ 有大小、正负 (E_r 小,准确度高)。

建立误差概念的意义:为估计真值:$x_r = x - E$,分析天平的测量误差为 0.000 1g,则 $x_r = x \pm 0.000$ 1g。

2. 偏差(deviation) 测定结果与平均结果的差值

$$d = x - \bar{x}$$

平均偏差($\bar{d}$)

$$\bar{d} = \frac{|d_1| + |d_2| + \cdots |d_n|}{n}$$

相对平均偏差 $= \bar{d}/\bar{x} \times 100\%$。

标准偏差

$$S = \sqrt{\frac{\sum\limits_{i=1}^{n}(x_i - \bar{x})^2}{n-1}}$$

n 为测量次数。

相对标准偏差

$$S_r = \frac{S}{\bar{x}} \times 100\%$$

S 是表示偏差的最好方法,数学严格性高,可靠性大,能显示出较大的偏差。

(四) 准确度与精密度(图 2-1)

1. 准确度(accuracy)　它表示测定结果与真值的接近程度,用误差表示(用相对误差较好)。

2. 精密度(precision)　各次分析结果相互接近的程度,用偏差表示。

   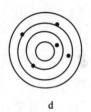

a　　　　　　　　b　　　　　　　　c　　　　　　　　d

图 2-1　准确度与精密度

a. 准确且精密;b. 不准确但精密;c. 准确但不精密;d. 不准确且不精密

结论:精密度是保证准确度的前提。

(1) 精密度好,准确度不一定好,可能有系统误差存在。

(2) 精密度不好,衡量准确度无意义。

(3) 在确定消除了系统误差的前提下,精密度可表达准确度。

3. 常量分析要求误差小于 0. 1% ~ 0. 2%。

二、系统误差和随机误差

1. 系统误差　它是由某种固定原因造成,使测定结果系统地偏高或偏低。可用校正的方法加以消除。

特点:

(1) 单向性:要么偏高,要么偏低,即正负、大小有一定的规律性。

(2) 重复性:同一条件下,重复测定中,重复地出现。

(3) 可测性:误差大小基本不变。

来源:①方法误差。②仪器、试剂误差。③操作误差。④主观误差。

2. 随机误差 它是由某些不固定偶然原因造成,使测定结果在一定范围内波动,大小、正负不定,难以找到原因,无法测量。

特点:①不确定性;②不可避免性。只能减小,不能消除。每次测定结果无规律性,多次测量符合统计规律。

3. 过失、错误。

三、误差的传递

分析结果通常是经过一系列测量步骤之后获得的,其中每一步骤的测量误差都会反映到分析结果中去。设分析结果 Y 由测量值 A,B,C 计算获得,测量值的系统误差分别为 D_A,D_B,D_C,标准偏差分别为 S_A,S_B,S_C。k_i 为常数。

1. 系统误差的传递

(1) 加减法

$$Y=k+k_A A+K_B B+k_C C \quad , \quad \Delta Y=k_A\Delta A+k_B\Delta B+k_C\Delta C$$

(2) 乘除法

$$Y=m\frac{AB}{C}, \frac{\Delta Y}{Y}=\frac{\Delta A}{A}+\frac{\Delta B}{B}-\frac{\Delta C}{C}$$

(3) 指数关系

$$Y=mA^n, \frac{\Delta Y}{Y}=n\frac{\Delta A}{A}$$

(4) 对数关系

$$Y=m\lg A, \quad \Delta Y=0.434n\frac{\Delta A}{A}$$

2. 随机误差的传递

(1) 加减法

$$Y=k+k_A A+k_B B-k_C C, S_Y^2=k_A^2 S_A^2+k_B^2 S_B^2+k_C^2 S_C^2$$

(2) 乘除法

$$Y=m\frac{AB}{C}, \frac{S_Y^2}{Y^2}=\frac{S_A^2}{A^2}+\frac{S_B^2}{B^2}+\frac{S_C^2}{C^2}$$

(3) 指数关系

$$Y=mA^n, \frac{S_Y^2}{Y^2}=n^2\frac{S_A^2}{A^2}$$

(4) 对数关系

$$Y=m\lg A, S_Y=0.434n\frac{S_A}{A}$$

四、提高分析准确度的方法

1. 选择合适的分析方法

化学分析:准确度高,常量组分。

仪器分析:灵敏度高,微量组分。

2. 减小测量误差称量 分析天平的称量误差为±0.000 2g,为了使测量时的相对误差在 0.1% 以下,试样质量必须在 0.2g 以上。滴定管读数常有±0.0lmL 的误差,在一次滴定中,读数两次,可能造成±0.02mL 的误差。为使测量时的相对误差小于 0.1%,消耗滴定剂的体积必须在 20mL 以上,最好使体积在 25mL 左右,一般在 20~30mL 之间。微量组分的光度测定中,可将称量的准确度提高约一个数量级。

3. 消除系统误差 由于系统误差是由某种固定的原因造成的,因而找出这一原因,就可以消除系统误差的来源。有下列几种方法:

(1) 对照试验(contrast test):与标准试样的标准结果进行对照;标准试样、管理样、合成样、加入回收法。与其他成熟的分析方法进行对照;国家标准分析方法或公认的经典分析方法。由不同分析人员,不同实验室来进行对照试验。

(2) 空白试验(blank test):在不加待测组分的情况下,按照试样分析同样的操作手续和条件进行实验,所测定的结果为空白值,从试样测定结果中扣除空白值,来校正分析结果。

消除由试剂、蒸馏水、实验器皿和环境带入的杂质引起的系统误差,但空白值不可太大。

(3) 校准仪器(calibration instrument):仪器不准确引起的系统误差,通过校准仪器来减小其影响。例如砝码、移液管和滴定管等,在精确的分析中,必须进行校准,并在计算结果时采用校正值。

(4) 分析结果的校正(correction result):校正分析过程的方法误差,例用重量法测定试样中高含量的 SiO_2,因硅酸盐沉淀不完全而使测定结果偏低,可用光度法测定滤液中少量的硅,而后将分析结果相加。

4. 减小随机误差 在消除系统误差的前提下,平行测定次数愈多,平均值愈接近真值。因此,增加测定次数,可以提高平均值精密度。在化学分析中,对于同一试样,通常要求平行测定 3~4 次。

第二节 有效数字及其运算规则

一、有效数字

有效数字:实际上能测到的数字。

1. 确定有效数字的原则

(1) 最后结果只保留一位不确定的数字。

(2) 0~9 都是有效数字,但 0 作为定小数点位置时则不是。

例 0.005 3(二位),0.530 0(四位),0.050 3(三位),0.503 0(四位)。

（3）首位数字是 8,9 时,可按多一位处理, 如 9.83 按四位计。

例 1.000 8,43 181(五位);0.038 2,1.98×10^{-10}(三位);0.100 0(四位);3600,100(有效位数不确定)。

2. 倍数、分数关系　无限多位有效数字。

3. pH,pM,lgc,lgK 等对数值,有效数字由尾数决定。

例 pM = 5.00（二位）[M] = 1.0×10^{-5};pH = 10.34(二位);pH = 0.03(二位)。

二、数字的修约规则

（1）"四舍六入五成双" 例:3.148→3.1,0.736→0.74,75.5→76。

（2）当测量值中被修约的数字是 5,而其后还有数字时,进位。如:2.451→2.5。

（3）一次修约。如:13.474 8→13.47。

三、计 算 规 则

1. 加减法　以小数点后位数最少的数字为准。绝对误差最大的数。

例 0.012 1+25.64+1.057 82 = 26.71;50.1+1.45+0.581 2 = 52.1

2. 乘除法　以有效数字位数最少的为准。相对误差最大的数例如:0.012 1×25.64×1.057 82 = 0.328。可以先修约再计算,也可以计算后再修约(用计算器运算)。

第三节　有限量数据的统计处理

一、正态分布(无限次测量)

1. 正态分布曲线　如果以 x-μ(随机误差)为横坐标,曲线最高点横坐标为 0,这时表示的是随机误差的正态分布曲线。

$$y = f(x) = \frac{1}{\sigma\sqrt{2\pi}} e^{-\frac{(x-\mu)^2}{2\sigma^2}}$$

记为:$N(\mu,\sigma^2)$,μ 决定曲线在 x 轴的位置,σ 决定曲线的形状,σ 小→曲线高、陡峭,精密度好;σ 大→曲线低、平坦,精密度差。

随机误差符合正态分布:

（1）大误差出现的几率小,小误差出现的几率大。

（2）绝对值相等的正负误差出现的几率相等。

（3）误差为零的测量值出现的几率最大。

（4）$x = \mu$ 时的概率密度为

$$y_{x=\mu} = \frac{1}{\sigma\sqrt{2\pi}}$$

2. 标准正态分布 N(0,1),令

$$u = \frac{x-\mu}{\sigma}, y = f(x) = \frac{1}{\sigma\sqrt{2\pi}}e^{-\frac{u^2}{2}} \Rightarrow y = \phi(u) = \frac{1}{\sqrt{2\pi}}e^{-\frac{u^2}{2}}$$

3. 随机误差的区间概率 所有测量值出现的概率总和应为 1,即

$$P(-\infty, +\infty) = \frac{1}{\sqrt{2\pi}}\int_{-\infty}^{+\infty}e^{-\frac{u^2}{2\sigma^2}}dx = 1$$

求变量在某区间出现的概率

$$P(a,b) = \frac{1}{\sqrt{2\pi}}\int_{a}^{b}e^{-\frac{u^2}{2\sigma^2}}dx$$

注意:表中列出的是单侧概率,求±u 间的概率,需乘以 2。

随机误差出现的区间	测量值出现的区间	概率
$u=\pm1$	$x=\mu\pm1\sigma$	0. 341 3×2=68. 26%
$u=\pm2$	$x=\mu\pm2\sigma$	0. 477 3×2=95. 46%
$u=\pm3$	$x=\mu\pm3\sigma$	0. 498 7×2=99. 74%

结论

(1) 随机误差超过 3σ 的测量值出现的概率仅占 0. 3%。

(2) 在实际工作中,如果重复测量中,个别数据误差的绝对值大于 3σ,则这些测量值可含去。

例 已知某试样中 Fe 的标准值为 3. 78%,$\sigma=0.10$,又已知测量时没有系统误差,求
1) 分析结果落在(3. 78±0. 20)% 范围内的概率;2) 分析结果大于 4. 0% 的概率。

解 1) $|u| = \frac{|x-u|}{\sigma} = \frac{0.20}{0.10} = 2.0$ 查表,求得概率为 2×0. 477 3 = 0. 954 6 = 95. 46%

2) 分析结果大于 4. 0% 的概率,$|u| = \frac{|x-u|}{\sigma} = \frac{4.00-3.78}{0.10} = 2.2$,查表求得分析结果落在 3. 78%~4. 00% 以内的概率为 0. 486 1,那么分析结果大于 4. 00% 的概率为 0. 500 0 ~ 0. 486 1 = 1. 39%。

二、t 分布曲线(有限次测量中随机误差服从 t 分布)

t 分布曲线有限次测量,用 S 代替 σ,用 t 代替 u

$$t = \frac{\bar{x}-\mu}{S_{\bar{x}}} = \frac{\bar{x}-\mu}{S}\sqrt{n}$$

置信度(P):表示的是测定值落在 $\mu\pm tS_{\bar{x}}$ 范围内的概率,当 $f\rightarrow\infty$,t 即为 u。

显著性水平(α)= 1-P:表示测定值落在 $\mu\pm tS_{\bar{x}}$ 范围之外的概率。

t 值与置信度及自由度有关,一般表示为 $t_{\alpha,f}$。

三、平均值的置信区间

1. 平均值的置信区间 $\mu = \bar{x} \pm t\frac{S}{\sqrt{n}}$ 表示在一定的置信度下,以<u>平均值</u>为中心,包括<u>总体</u>

平均值 μ 的范围。

从公式可知只要选定置信度 P，根据 P（或 α）与 f 即可从表中查出 t_α, f 值，从测定的 $\bar{x}$，S, n 值就可以求出相应的置信区间。

例　分析某固体废物中铁含量得如下结果：$\bar{x} = 15.78\%$，$S = 0.03\%$，$n = 4$，求：1）置信度为 95% 时平均值的置信区间；2）置信度为 99% 时平均值的置信区间。

解　置信度为 95%，查表得 $t_{0.05,3} = 3.18$，那么

$$\mu = \bar{x} \pm t \frac{S}{\sqrt{n}} = 15.78 \pm 3.18 \times \frac{0.03}{\sqrt{4}} = 15.78 \pm 0.05\%$$

置信度为 99%，查表得 $t_{0.05,3} = 5.84$，那么

$$\mu = \bar{x} \pm t \frac{S}{\sqrt{n}} = 15.78 \pm 5.84 \times \frac{0.03}{\sqrt{4}} = 15.78 \pm 0.09\%$$

对上例结果的理解：

（1）正确的理解：在 15.78±0.05% 的区间内，包括总体平均值的 μ 的概率为 95%。

（2）错误的理解：①未来测定的实验平均值有 95% 落入 15.78±0.05% 区间内；②真值落在 15.78±0.05% 区间内的概率为 95%。

从该例可以看出，置信度越高，置信区间越大。

例1　下列有关置信区间的定义中，正确的是（b）

a. 以真值为中心的某一区间包括测定结果的平均值的几率

b. 在一定置信度时，以测量值的平均值为中心的包括总体平均值的范围

c. 真值落在某一可靠区间的几率

d. 在一定置信度时，以真值为中心的可靠范围

例2　某试样含 Cl^- 的质量分数的平均值的置信区间为 36.45% ±0.10%（置信区间 90%），对此结果应理解为（d）

a. 有 90% 的测量结果落在 36.45% ±0.10% 范围内

b. 总体平均值 μ 落在此区间的概率为 90%

c. 若再作一次测定，落在此区间的概率为 90%

d. 在此区间内，包括总体平均值 μ 的把握为 90%

四、显著性检验

显著性检验判断是否存在系统误差。

1. t 检验　不知道 σ，检验 $\bar{x}$ 与 μ，$\bar{x}_1$ 与 $\bar{x}_2$：

（1）比较平均值与标准值，统计量，

$$t = \frac{|\bar{x} - \mu|}{S} \sqrt{n}\ (S = S_{小})，t > t_{表}$$

有显著差异，否则无。

（2）比较 $\bar{x}_1$ 与 $\bar{x}_2$：统计量

$$t = \frac{|\bar{x}_1 - \bar{x}_2|}{\bar{S}} \sqrt{\frac{n_1 n_2}{n_1 + n_2}}　，\quad \bar{S}^2 = \frac{(n_1 - 1)S_1^2 + (n_2 - 1)S_2^2}{n_1 + n_2 - 2}$$

2. F 检验　比较精密度,即方差 S_1 和 S_2,F 表为单侧表:统计量 $F=\dfrac{S_{大}^2}{S_{小}^2}$,$F>F_{表}$,有显著差异,否则无。

例　一碱灰试样,用两种方法测得其中 Na_2CO_3,结果如下:

方法 1　$\bar{x}_1=42.34$,$S_1=0.10$,$n_1=5$

方法 2　$\bar{x}_2=42.44$,$S_2=0.12$,$n_2=4$

解　先用 F 检验 S_1 与 S_2 有无显著差异

$$F_{计算}=\frac{S_{大}^2}{S_{小}^2}=\frac{(0.12)^2}{(0.10)^2}=1.44$$

查表,得 $F_{表}=6.59$,因 $F_{计算}<F_{表}$,因此 S_1 与 S_2 无显著差异用 t 检验法检验 $\bar{x}_1$ 与 $\bar{x}_2$

$$t_{计算}=\frac{|\bar{x}_1-\bar{x}_2|}{S}\sqrt{\frac{n_1n_2}{n_1+n_2}}(S=S_{小})=\frac{|42.34-42.44|}{0.10}\sqrt{\frac{5\times4}{5+4}}=1.49$$

查表,$f=5+4-2=7$,$P=95\%$,得

$t_{表}=2.36$,则 $t_{计算}<t_{表}$,因此,无显著差异。

五、异常值的取舍

1. $4\bar{d}$ 法(简单,但误差大)

依据:随机误差超过 3σ 的测量值出现的概率是很小的,仅占 0.3%。$\delta=0.80\sigma$,$3\sigma\approx4\delta$。

偏差超过 4δ 的个别测定值可以舍去。

方法　求出 $\bar{x}$ 与平均偏差 $\bar{d}$。$|x-\bar{x}|>4\bar{d}$,则测定值 x 可以舍去。

2. 格鲁布斯(Grubbs)法　步骤:

(1)数据由小到大排列,求出 $\bar{x}$ 与 S_0,x_1,x_2……x_n。

(2)统计量 T

$$T=\frac{\bar{x}-x_1}{S},T=\frac{x_n-\bar{x}}{S}$$

式中 x_1 为可疑值,x_n 为可疑值。

(3)将 T 与表值 $T_{a,n}$ 比较,$T>T_{a,n}$,舍去。

3. Q 检验法　步骤:

(1)数据由小到大排列。

(2)计算统计量

$$Q=\frac{x_n-x_{n-1}}{x_n-x_1},Q=\frac{x_2-x_1}{x_n-x_1}$$

式中 x_n 为可疑值,x_1 为可疑值,$Q_{计算}=\dfrac{|x_{可疑}-x_{邻近}|}{x_{max}-x_{min}}$

(3)比较 $Q_{计算}$ 和 $Q_{表}(Q_P,n)$,若 $Q_{计算}>Q_{表}$,舍去,反之保留。

六、回归分析法

1. 一元线性回归方程

$$y_i = a + bx_i + e_i \qquad Q = \sum_{i=1}^{n} (y_i - a - bx_i)^2$$

$$\frac{\partial Q}{\partial b} = -2\sum_{i=1}^{n} x_i(y_i - a - bx_i) = 0 \qquad \frac{\partial Q}{\partial a} = -2\sum_{i=1}^{n} (y_i - a - bx_i) = 0$$

$$a = \frac{\sum_{i=1}^{n} y_i - b\sum_{i=1}^{n} x_i}{n} = \bar{y} - b\bar{x} \qquad b = \frac{\sum_{i=1}^{n} (x_i - \bar{x})(y_i - \bar{y})}{\sum_{i=1}^{n} (x_i - \bar{x})^2}$$

式中 x, y 分别为 x 和 y 的平均值，a 为直线的截距，b 为直线的斜率，它们的值确定之后，一元线性回归方程及回归直线就定了。

2. 相关系数　相关系数的定义式如下

$$r = b\sqrt{\frac{\sum_{i=1}^{n} (x_i - \bar{x})}{\sum_{i=1}^{n} (y_i - \bar{y})}} = \frac{\sum_{i=1}^{n} (x_i - \bar{x})(y_i - \bar{y})}{\sqrt{\sum_{i=1}^{n} (x_i - \bar{x})^2 \sum_{i=1}^{n} (y_i - \bar{y})^2}}$$

相关系数的物理意义如下：

(1) 当所有的认值都在回归线上时，$r = 1$。

(2) 当 y 与 x 之间完全不存在线性关系时，$r = 0$。

(3) 当 r 值在 0 至 1 之间时，表示例与 x 之间存在相关关系。r 值愈接近 1，线性关系就愈好。

强 化 训 练

一、单选题

1. 从精密度好就可断定分析结果可靠的前提是（　　　）
   A. 偶然误差小　　　　　B. 系统误差小　　　　　C. 标准偏差小
   D. 相对平均偏差　　　　E. 平均偏差

2. 下列论述中正确的是（　　　）
   A. 进行分析时，过失误差是不可避免的　　　B. 精密度好，准确度就一定高
   C. 精密度好，系统误差就一定小　　　　　　D. 精密度好，偶然误差就一定小
   E. 准确度高，精密度一定好

3. 下列情况引起偶然误差的是（　　　）
   A. 移液管转移溶液之后残留量稍有不同
   B. 所用试剂中含有被测组分

C. 以失去部分结晶水的硼砂作为基准物标定盐酸

D. 天平两臂不等长

E. 滴定终点和计量点不吻合

4. 下列各数中,有效数字位数为四位的是(　　　)

A. $[H^+] = 0.003\ 0$mol $\cdot$ L^{-1}　　B. pH = 10.42　　　　　　C. 4000ppm

D. MgO% = 19.96　　　　　E. 0.001 3

5. 算式:$x\% = (V_1 - V_2) N \cdot E / G \times 10$ 中,若 $N = 0.220\ 0$,$E = 50.00$,$G = 0.300\ 0$,当 $V_1 - V_2$ 分别为下列数值时,何者引起的 $x\%$ 相对误差最小(　　　)

A. 40.00±30.00　　　　　B. 40.00±20.00　　　　　C. 30.00±5.00

D. 35.00±25.00　　　　　E. 40.00±10.00

6. 下列有关置信区间的定义中,正确的是(　　　)

A. 以真值为中心的某一区间包括测定结果的平均值的几率

B. 在一定置信度时,以测量值的平均值为中心的,包括真值在内的可靠范围

C. 真值落在某一可靠区间的几率

D. 在一定置信度时,以真值为中心的可靠范围

E. 平均值落在某一可靠区间的几率

7. 有两组分析数据,要比较它们的精密度有无显著性差异,应当用(　　　)

A. F 检验　　　　　　　B. t 检验　　　　　　　C. Q 检验

D. 相对误差　　　　　　E. 绝对误差

8. 下述情况,使分析结果产生负误差的是(　　　)

A. 以盐酸标准溶液滴定某碱样,所用滴定管未洗净,滴定时内壁挂液珠

B. 用于标定标准溶液的基准物质在称量时吸潮了

C. 标定时,在滴定前用标准溶液荡洗了用于滴定的锥形瓶

D. 标定时,滴定速度过快,达到终点后立即读取滴定管的读数

9. 有关精密度的说法中不正确的是(　　　)

A. 精密度是对同一均匀试样多次平行测定结果之间的分散程度

B. 精密度反映了分析方法或测定系统随机误差的大小

C. 精密度是反映随机误差大小的指标

D. 精密度指测定值与真值之间的一致程度

E. 消除系统误差后精密度高则准确度也高

10. 有关有效数字的说法中不正确的是(　　　)

A. 有效数字是指在测量中能测到的有实际意义的数字

B. 在有效数字修约时,依照"四舍五入六单双"的规则

C. 在有效数字修约时,依照"四舍六入五留双"的规则

D. 有效数字 4.74×10^4 是三位有效数字

E. pH = 12.25 时有效数字位数是二位

11. 配制 1000mL 0.1mol $\cdot$ L^{-1} HCl 标准溶液,需量取 8.3mL 12mol $\cdot$ L^{-1} 浓 HCl(　　　)

A. 用滴定管量取　　　　　B. 用量筒量取　　　　　　C. 用刻度移液管量取

    D. 用小烧杯量取   E. 用移液管量取

12. 在定量分析中,精密度与准确度之间的关系是(　　)

    A. 精密度高,准确度必然高   B. 准确度高,精密度也就高

    C. 精密度是保证准确度的前提   D. 准确度是保证精密度的前提

    E. A+B

13. 有两组分析数据,要比较它们的精密度有无显著性差异,则应当用(　　)

    A. F 检验   B. t 检验   C. Q 检验

    D. G 检验   E. 准确度检验

14. 可用下列何种方法减免分析测试中的系统误差(　　)

    A. 进行仪器校正   B. 增加测定次数   C. 认真细心操作

    D. 测定时保持环境的湿度一致   E. 温度适当

15. 下列各数中,有效数字位数为四位的是(　　)

    A. CaO% = 25.30   B. $[H^+] = 0.023\,5mol \cdot L^{-1}$ C. pH = 10.46

    D. 420kg   E. 121g

16. 在进行样品称量时,由于汽车经过天平室附近引起天平震动是属于(　　)

    A. 系统误差   B. 偶然误差   C. 过失误差

    D. 操作误差   E. 方法误差

17. 测定试样中 CaO 的百分含量,称取试样 0.908 0g,滴定耗去 EDTA 标准溶液 20.50mL,以下结果表示正确的是(　　)

    A. 10 %   B. 10.1 %   C. 10.08 %

    D. 10.077 %   E. 12.1 %

18. 分析结果准确度的大小常用下列哪项参数来表示(　　)

    A. 相对误差   B. 偏差   C. 相对标准偏差

    D. 精密度   E. 标准偏差

19. 将 25.00mL 变换单位,下列各项有效数字正确的是(　　)

    A. 0.025L   B. 0.025 00L   C. 0.025 0L

    D. 2.5×10^{-2}L   E. 0.025 000L

20. 下列关于偶然误差叙述正确的是(　　)

    A. 大小误差出现的几率相等

    B. 绝对值相等的正负误差出现的几率相等

    C. 正误差出现的几率大于负误差

    D. 负误差出现的几率大于正误差

    E. 小误差出现的几率大

21. 两组分析数据,比较其精密度有无显著性差异时应用(　　)

    A. F 检验   B. t 检验   C. Q 检验

    D. G 检验   E. 显著性检验

22. 相对误差用来衡量分析结果的(　　)

    A. 精密度   B. 准确度   C. 重现性

　　D. 重复性　　　　　　　　E. 显著性差异

二、配伍选择题

[1~5]可表示为

　　A. 0.100 1mol·L^{-1}　　　　B. 0.02mL　　　　　　C. 0.050 6g

　　D. 1.201 0　　　　　　　　E. pH=11.00

1. 一位有效数字(　　)

2. 二位有效数字(　　)

3. 三位有效数字(　　)

4. 四位有效数字(　　)

5. 五位有效数字(　　)

[6~10]可选择的是

　　A. 空白试验　　　　　　　B. 对照试验　　　　　　C. 回收试验

　　D. 增加平行测定的次数　　E. 校准仪器

6. 检查试剂是否失效(　　)

7. 消除试剂、纯化水带入的杂质所引起的误差(　　)

8. 减小测量的偶然误差(　　)

9. 如果无标准试样做对照试验时,对分析结果进行校正(　　)

10. 检查测量方法是否可靠(　　)

三、判断题

1. 分析结果的准确度是否有显著性差异用 F 检验法。(　　)

2. 分析测定结果的相对标准偏差小,则说明结果的准确度好。(　　)

3. 对试样进行分析时,操作者加错试剂,属操作误差。(　　)

4. 移液管、量瓶配套使用时未校准引起的误差属于系统误差。(　　)

5. 分析结果的测定值和真实值之间的差值称为偏差。(　　)

6. 在一定的称量范围内,被称样品的质量越大,称量的相对误差就越小。(　　)

7. 偶然误差是定量分析中的主要误差来源,它影响分析结果的准确度。(　　)

8. 只要是可疑值一定要舍弃。(　　)

9. 测定值与真实值相接近的程度为准确度。(　　)

10. 有效数字是指在分析工作中能准确测量到的并有实际意义的数字。(　　)

四、填空题

1. 某人以差示光度法测定某药物中主成分的含量时,称取此药物 0.025 0g,最后计算其主成分的含量为 98.25%,此含量的正确值应该是_____。

2. 已知某溶液的 pH 值为 0.070,其氢离子浓度的正确值为_____。

3. 某学生分析工业碱试样,称取含 Na_2CO_3(M_r=106.0)为 50.00% 的试样 0.424 0g,滴定时

消耗 $0.100\ 0mol \cdot L^{-1}$ HCl 40.10mL,该次测定的相对误差是_____。

4. 用高碘酸钾光度法测定低含量锰的方法误差约为 2%。使用称量误差为 $\pm 0.001g$ 的天平减量法称取 $MnSO_4$,若要配制成 $0.2mg \cdot (mL)^{-1}$ 的硫酸锰的标准溶液,至少要配制_____mL。

5. 溶液中含有 $0.095mol \cdot L^{-1}$ 的氢氧根离子,其 pH 值为_____。

6. 滴定管的初读数为 (0.05 ± 0.01) mL,末读数为 (22.10 ± 0.01) mL,滴定剂的体积可能波动的范围是_____。

7. 某同学测定盐酸浓度为:$0.203\ 8$,$0.204\ 2$,$0.205\ 2$ 和 $0.203\ 9mol \cdot L^{-1}$,按 $Q(0.90)$ 检验法,第三份结果应_____;若再测一次,不为检验法舍弃的最小值是_____;最大值是_____。

8. 准确度是表示测得值与_____之间符合的程度;精密度是表示测得值与_____之间符合的程度。准确度表示测量的_____性;精密度表示测量的_____性或_____性。

9. 正确记录下列数据:
   1) 在感量为 0.1mg 的分析天平上,称得 2.1g 葡萄糖,应记为_____ g。
   2) 用 50mL 量筒量取 15mL 盐酸溶液,应记为_____ mL。
   3) 用 25mL 移液管移取 25mL 氢氧化钠溶液,应记为_____ mL。
   4) 在感量为 0.01g 的扭力天平上称得 1.335g 甲基橙,应记为_____ g。

10. 某试样中含 MgO 约 30%,用重量法测定时,Fe^{3+} 产生共沉淀,设试样中的 Fe^{3+} 有 1% 进入沉淀,从而导致误差,若要求测量结果的相对误差小于 0.1%,则试样中 Fe_2O_3 允许的最高质量分数为_____。

11. 测量值与_____之差为绝对误差,绝对误差与_____的比值为相对误差。

12. 增加平行测定的次数可以减少_____误差。

五、简答题

1. 指出在下列情况下,各会引起哪种误差? 如果是系统误差,应该采用什么方法减免?
   (1) 砝码被腐蚀。
   (2) 天平的两臂不等长。
   (3) 容量瓶和移液管不配套。
   (4) 试剂中含有微量的被测组分。
   (5) 天平的零点有微小变动。
   (6) 读取滴定体积时最后一位数字估计不准。
   (7) 滴定时不慎从锥形瓶中溅出一滴溶液。
   (8) 标定 HCl 溶液用的 NaOH 标准溶液中吸收了 CO_2。

2. 如果分析天平的称量误差为 $\pm 0.2mg$,拟分别称取试样 0.1g 和 1g 左右,称量的相对误差各为多少? 这些结果说明了什么问题?

3. 滴定管的读数误差为 $\pm 0.02mL$。如果滴定中用去标准溶液的体积分别为 2mL 和 20mL 左右,读数的相对误差各是多少? 从相对误差的大小说明了什么问题?

4. 下列数据各包括了几位有效数字？

(1) 0.033 0　(2) 10.030　(3) 0.010 20　(4) 8.7×10^{-5}　(5) $pK_a=4.74$　(6) $pH=10.00$

5. 将 0.089g $Mg_2P_2O_7$ 沉淀换算为 MgO 的质量,问计算时在下列换算因数($2MgO/Mg_2P_2O_7$)中取哪个数值较为合适:0.362 3,0.362,0.36？计算结果应以几位有效数字报出？

6. 用返滴定法测定软锰矿中 MnO_2 的质量分数,其结果按下式进行计算:

$$\omega_{MnO_2}=\frac{\left(\dfrac{0.800\ 0}{126.07}-8.00\times0.100\ 0\times10^{-3}\times\dfrac{5}{2}\right)\times86.94}{0.500\ 0}\times100\%$$

问测定结果应以几位有效数字报出？

7. 用加热挥发法测定 $BaCl_2\cdot2H_2O$ 中结晶水的质量分数时,使用万分之一的分析天平称样 0.500 0g,问测定结果应以几位有效数字报出？

8. 两位分析者同时测定某一试样中硫的质量分数,称取试样均为 3.5g,分别报告结果如下:甲:0.042%,0.041%;乙:0.040 99%,0.042 01%。问哪一份报告是合理的,为什么？

9. 标定浓度约为 $0.1mol\cdot L^{-1}$ 的 NaOH,欲消耗 NaOH 溶液 20mL 左右,应称取基准物质 $H_2C_2O_4\cdot2H_2O$ 多少克？其称量的相对误差能否达到 0.1%？若不能,可以用什么方法予以改善？若改用邻苯二甲酸氢钾为基准物,结果又如何？

10. 有两位学生使用相同的分析仪器标定某溶液的浓度($mol\cdot L^{-1}$),结果如下:

甲:0.12,0.12,0.12(相对平均偏差 0.00%)。

乙:0.124 3,0.123 7,0.124 0(相对平均偏差 0.16%)。

你如何评价他们的实验结果的准确度和精密度？

六、计算题

1. 用适当的有效数字表示下面的计算结果。

(1) $\dfrac{2.285\ 6\times2.51+5.42}{3.546\ 2}$;(2)$pH=2.00$,求$[H^+]$值。

2. 测定某铜矿试样,其中铜的质量分数为 24.87%,24.93% 和 24.69%。真值为 25.06%,计算:(1)测定结果的平均值;(2)绝对误差;(3)相对误差。

3. 测定铁矿石中铁的质量分数(以 $\omega_{Fe_2O_3}$ 表示),5 次结果分别为:67.48%,67.37%,67.47%,67.43% 和 67.40%。计算:(1)平均偏差;(2)相对平均偏差;(3)标准偏差;(4)相对标准偏差。

4. 某铁矿石中铁的质量分数为 39.19%,若甲的测定结果(%)是:39.12,39.15,39.18;乙的测定结果(%)为:39.19,39.24,39.28。试比较甲乙两人测定结果的准确度和精密度(精密度以标准偏差和相对标准偏差表示之)。

5. 测定石灰中铁的质量分数(%),4 次测定结果为:1.59,1.53,1.54 和 1.83。(1)用 Q 检验法判断第四个结果应否弃去？(2)如第 5 次测定结果为 1.65,此时情况又如何(Q 均为 0.90)？

6. 用 $K_2Cr_2O_7$ 基准试剂标定 $Na_2S_2O_3$ 溶液的浓度($mol\cdot L^{-1}$),4 次结果为:0.102 9,0.105 6,0.103 2 和 0.103 4。(1)用格鲁布斯法检验上述测定值中有无可疑值($P=0.95$);(2)比较置信度为 0.90 和 0.95 时 μ 的置信区间,计算结果说明了什么？

7. 已知某清洁剂有效成分的质量分数标准值为 54.46%,测定 4 次所得的平均值为 54.26%,标准偏差为 0.05%。问置信度为 0.95 时,平均值与标准值之间是否存在显著性差异?

8. 某药厂生产铁剂,要求每克药剂中含铁 48.00mg,对一批药品测定 5 次,结果为($mg \cdot g^{-1}$): 47.44,48.15,47.90,47.93 和 48.03。问这批产品含铁量是否合格($P=0.95$)?

9. 分别用硼砂和碳酸钠两种基准物标定某 HCl 溶液的浓度($mol \cdot L^{-1}$),结果如下:

用硼砂标定 $\bar{x}_1 = 0.1017$,$S_1 = 3.9 \times 10^{-4}$,$n_1 = 4$

用碳酸钠标定 $\bar{x}_2 = 0.1020$,$S_2 = 2.4 \times 10^{-4}$,$n_2 = 5$

当置信度为 0.90 时,这两种物质标定的 HCl 溶液浓度是否存在显著性差异?

10. 根据有效数字的运算规则进行计算:

  (1) $7.9936 \div 0.9967 - 5.02$

  (2) $0.0325 \times 5.103 \times 60.06 \div 139.8$

  (3) $(1.276 \times 4.17) + 1.7 \times 10^{-4} - (0.0021764 \times 0.0121)$

  (4) $pH = 1.05$,$[H^+]$

11. 用电位滴定法测定铁精矿中铁的质量分数(%),6 次测定结果如下:

  60.72   60.81   60.70   60.78   60.56   60.84

  (1) 用格鲁布斯法检验有无应舍去的测定值($P=0.95$);

  (2) 已知此标准试样中铁的真实含量为 60.75%,问上述测定方法是否准确可靠($P=0.95$)?

参 考 答 案

一、单选题

1. B   2. D   3. A   4. D   5. C   6. B   7. A   8. D   9. E   10. B

11. B   12. C   13. A   14. A   15. A   16. B   17. C   18. A   19. B   20. B

21. A   22. B

二、配伍选择题

1. B   2. E   3. C   4. A   5. D   6. B   7. A   8. D   9. C   10. B

三、判断题

1. ×   2. ×   3. ×   4. √   5. ×   6. √   7. ×   8. ×   9. √   10. √

四、填空题

1. 98%,因为仪器误差为 2%   2. 0.85   3. 0.24%   4. $0.002/m = 0.02$,$m = 0.1g$,故配制 500mL   5. 12.98   6. 22.05(0.02mL)   7. $Q = 0.71 < 0.76$,保留;0.2014;0.2077   8. 真值;平均值;正确;重复;再现   9. 2.1000;15;25.00;1.34   10. 即求 Fe^{3+} 在 MgO 中所占的比例。设试样量为 W,则 MgO 的量为 30%W;

设 Fe_2O_3 的质量分数为 x,则 Fe^{3+} 的量为 $(2M_{Fe}/M_{Fe_2O_3})\cdot x\cdot W\cdot 1\%$

故,$Fe^{3+}/MgO=[(2M_{Fe}/M_{Fe_2O_3})\cdot x\cdot W\cdot 1\%]/30\%W\leq 0.1\%$　　$x=4.28\%$

11. 真实值,真实值　12. 偶然

五、简答题

1. 答:(1) 系统误差中的仪器误差。减免的方法:校准仪器或更换仪器。

(2) 系统误差中的仪器误差。减免的方法:校准仪器或更换仪器。

(3) 系统误差中的仪器误差。减免的方法:校准仪器或更换仪器。

(4) 系统误差中的试剂误差。减免的方法:做空白试验。

(5) 随机误差。

(6) 系统误差中的操作误差。减免的方法:多读几次取平均值。

(7) 过失误差。

(8) 系统误差中的试剂误差。减免的方法:做空白试验。

2. 解:因分析天平的称量误差为 $\pm 0.2mg$。故读数的绝对误差

根据
$$E_a=\pm 0.000\ 2g$$
$$E_r=\frac{E_a}{T}\times 100\%$$

可得
$$E_{r0.1g}=\frac{\pm 0.000\ 2g}{0.100\ 0g}\times 100\%=\pm 0.2\%$$
$$E_{r1g}=\frac{\pm 0.000\ 2g}{1.000\ 0g}\times 100\%=\pm 0.02\%$$

这说明,两物体称量的绝对误差相等,但它们的相对误差并不相同。也就是说,当被测定的量较大时,相对误差就比较小,测定的准确程度也就比较高。

3. 解:因滴定管的读数误差为 $\pm 0.02mL$,故读数的绝对误差 $E_a=\pm 0.02mL$

根据
$$E_r=\frac{E_a}{T}\times 100\%$$

可得
$$E_{r2mL}=\frac{\pm 0.02mL}{2mL}\times 100\%=\pm 1\%$$
$$E_{r20mL}=\frac{\pm 0.02mL}{20mL}\times 100\%=\pm 0.1\%$$

这说明,量取两溶液的绝对误差相等,但它们的相对误差并不相同。也就是说,当被测定的量较大时,测量的相对误差较小,测定的准确程度也就较高。

4. 答:(1) 三位有效数字;(2) 五位有效数字;(3) 四位有效数字;(4) 两位有效数字;(5) 两位有效数字;(6) 两位有效数字。

5. 答:0.36;应以两位有效数字报出。

6. 答:应以四位有效数字报出。

7. 答:应以四位有效数字报出。

8. 答:甲的报告合理。因为在称样时取了两位有效数字,所以计算结果和称样时相同,都取两位有效数字。

9. 答:根据方程式

$$2NaOH + H_2C_2O_4 \cdot H_2O == Na_2C_2O_4 + 3H_2O$$

可知,需 $H_2C_2O_4 \cdot H_2O$ 的质量 m_1 为:

$$m_1 = \frac{0.1 \times 0.020}{2} \times 126.07 = 0.13g$$

相对误差为

$$E_{r_1} = \frac{0.000\ 2g}{0.13g} \times 100\% = 0.15\%$$

则相对误差大于 0.1%,不能用 $H_2C_2O_4 \cdot H_2O$ 标定 $0.1mol \cdot L^{-1}$ 的 $NaOH$,可以选用相对分子质量大的作为基准物来标定。

若改用 $KHC_8H_4O_4$ 为基准物时,则有

$$KHC_8H_4O_4 + NaOH == KNaC_8H_4O_4 + H_2O$$

需 $KHC_8H_4O_4$ 的质量为 m_2,则

$$m_2 = \frac{0.1 \times 0.020}{2} \times 204.22 = 0.41g$$

$$E_{r_2} = \frac{0.000\ 2g}{0.41g} \times 100\% = 0.049\%$$

相对误差小于 0.1%,可以用于标定 $NaOH$。

10. 答:乙的准确度和精密度都高。因为从两人的数据可知,他们是用分析天平取样。所以有效数字应取四位,而甲只取了两位。因此从表面上看甲的精密度高,但从分析结果的精密度考虑,应该是乙的实验结果的准确度和精密度都高。

六、计算题

1. (1) 3.147(四位有效数字)。

   (2) 0.010mol · L^{-1}(二位有效数字)。

2. 答:(1)

$$\bar{x} = \frac{24.87\% + 24.93\% + 24.69\%}{3} = 24.83\%$$

(2)

$$E_a = \bar{x} - T = 24.83\% - 25.06\% = -0.23\%$$

(3)

$$E_r = \frac{E_a}{T} \times 100\% = -0.92\%$$

3. 答:(1) $\bar{x} = \dfrac{67.48\% + 67.37\% + 67.47\% + 67.43\% + 67.40\%}{5} = 67.43\%$

$$\bar{d} = \frac{1}{n} \sum |d_i| = \frac{0.05\% + 0.06\% + 0.04\% + 0.03\% + 0.02\%}{5} = 0.04\%$$

(2)

$$\bar{d}_r = \frac{\bar{d}}{x} \times 100\% = \frac{0.04\%}{67.43\%} \times 100\% = 0.06\%$$

(3) $S = \sqrt{\dfrac{\sum d_i^2}{n-1}} = \sqrt{\dfrac{(0.05\%)^2 + (0.06\%)^2 + (0.04\%)^2 + (0.03\%)^2}{5-1}} = 0.05\%$

（4）
$$S_r = \frac{S}{\bar{x}} \times 100\% = \frac{0.05\%}{67.43\%} \times 100\% = 0.07\%$$

4. 解：甲：$\bar{x}_1 = \sum \frac{x}{n} = \frac{39.12\% + 39.15\% + 39.18\%}{3} = 39.15\%$

$E_{a_1} = \bar{x} - T = 39.15\% - 39.19\% = -0.04\%$

$$S_1 = \sqrt{\frac{\sum d_i^2}{n-1}} = \sqrt{\frac{(0.03\%)^2 + (0.03\%)^2}{3-1}} = 0.03\%$$

$$S_{r_1} = \frac{S_1}{\bar{x}} \times 100\% = \frac{0.03\%}{39.15\%} \times 100\% = 0.08\%$$

乙：$\bar{x}_2 = \frac{39.19\% + 39.24\% + 39.28\%}{3} = 39.24\%$

$E_{a_2} = \bar{x} = 39.24\% - 39.19\% = 0.05\%$

$$S_2 = \sqrt{\frac{\sum d_i^2}{n-1}} = \sqrt{\frac{(0.05\%)^2 + (0.04\%)^2}{3-1}} = 0.05\%$$

$$S_{r_2} = \frac{S_2}{\bar{x}_2} \times 100\% = \frac{0.05\%}{39.24\%} \times 100\% = 0.13\%$$

由上面 $|E_{a_1}| < |E_{a_2}|$ 可知甲的准确度比乙高。$S_1 < S_2$，$S_{r_1} < S_{r_2}$ 可知甲的精密度比乙高。综上所述，甲测定结果的准确度和精密度均比乙高。

5. 解：（1）
$$Q = \frac{x_n - x_{n-1}}{x_n - x_1} = \frac{1.83 - 1.59}{1.83 - 1.53} = 0.8$$

查表得 $Q_{0.90,4} = 0.76$，因 $Q > Q_{0.90,4}$，故 1.83 这一数据应弃去。

（2）
$$Q = \frac{x_n - x_{n-1}}{x_n - x_1} = \frac{1.83 - 1.65}{1.83 - 1.53} = 0.6$$

查表得 $Q_{0.90,5} = 0.64$，因 $Q < Q_{0.90,5}$，故 1.83 这一数据不应弃去。

6. 解：（1）
$$\bar{x} = \frac{0.1029 + 0.1032 + 0.1034 + 0.1056}{4} = 0.1038$$

$$S = \sqrt{\frac{\sum d_i^2}{n-1}} = \sqrt{\frac{0.0009^2 + 0.0006^2 + 0.0004^2 + 0.0018^2}{4-1}} = 0.0011$$

$$G_1 = \frac{\bar{x} - x_1}{S} = \frac{0.1038 - 0.1029}{0.0011} = 0.82$$

$$G_2 = \frac{\bar{x} - x_4}{S} = \frac{0.1056 - 0.1038}{0.0011} = 1.64$$

查表得，$G_{0.95,4} = 1.46$，$G_1 < G_{0.95,4}$，$G_2 > G_{0.95,4}$，故 0.1056 这一数据应舍去。

（2）
$$\bar{x} = \frac{0.1029 + 0.1032 + 0.1034}{3} = 0.1032$$

$$S = \sqrt{\frac{\sum d_i^2}{n-1}} = \sqrt{\frac{0.0003^2 + 0.0002^2}{3-1}} = 0.00025$$

当 $P = 0.90$ 时，$t_{0.90,2} = 2.92$，因此

$$\mu_1 = \bar{x} \pm t_{p,f} \frac{S}{\sqrt{n}} = 0.103\ 2 \pm 2.92 \times \frac{0.000\ 25}{\sqrt{3}} = 0.103\ 2 \pm 0.000\ 4$$

当 $P = 0.95$ 时，$t_{0.95,2} = 4.30$ 因此

$$\mu_1 = \bar{x} \pm t_{p,f} \frac{S}{\sqrt{n}} = 0.103\ 2 \pm 4.30 \times \frac{0.000\ 25}{\sqrt{3}} = 0.103\ 2 \pm 0.000\ 6$$

由两次置信度高低可知，置信度越大，置信区间越大。

7. 解：根据

$$t = \frac{|\bar{x} - T|}{S_{\bar{x}}} = \frac{|54.26\% - 54.46\%|}{0.05\%} = 4$$

查表得 $t_{0.95,3} = 3.18$，因 $t > t_{0.95,3}$，说明平均值与标准值之间存在显著性差异。

8. 解：
$$\bar{x} = \frac{1}{n} \sum x_i = \frac{47.44 + 48.15 + 47.90 + 47.93 + 48.03}{5} = 47.89$$

$$S = \sqrt{\frac{(0.45)^2 + (0.26)^2 + (0.01)^2 + (0.04)^2 + (0.14)^2}{5-1}} = 0.27$$

$$t = \frac{|\bar{x} - T|}{S} = \frac{|47.89 - 48.00|}{0.27} = 0.41$$

查表，$t_{0.95,4} = 2.78$，$t < t_{0.95,4}$，说明这批产品含铁量合格。

9. 解：$n_1 = 4$ 　　　$\bar{x}_1 = 0.101\ 7$ 　　　$S_1 = 3.9 \times 10^{-4}$

　　　　$n_2 = 5$ 　　　$\bar{x}_2 = 0.102\ 0$ 　　　$S_2 = 2.4 \times 10^{-4}$

$$F = \frac{S_1^2}{S_2^2} = \frac{(3.9 \times 10^{-4})^2}{(2.4 \times 10^{-4})^2} = 2.64$$

查表，$f_{S大} = 3$，$f_{S小} = 4$，$F_表 = 6.59$，$F < F_表$，说明此时未表现 S_1 与 S_2 有显著性差异（$P = 0.90$），因此求得合并标准差为

$$S = \sqrt{\frac{S_1^2(n_1 - 1) + S_2^2(n_2 - 1)}{(n_1 - 1) + (n_2 - 1)}} = \sqrt{\frac{(3.9 \times 10^{-4})^2(4 - 1) + (2.4 \times 10^{-4})^2(5 - 1)}{(4 - 1) + (5 - 1)}}$$

$$= 3.1 \times 10^{-4}$$

$$t = \frac{|\bar{x}_1 - \bar{x}_2|}{S} \sqrt{\frac{n_1 n_2}{n_1 + n_2}} = \frac{|0.101\ 7 - 0.102\ 0|}{3.1 \times 10^{-4}} \sqrt{\frac{4 \times 5}{4 + 5}} = 1.44$$

查表，当 $P = 0.90$，$f = n_1 + n_2 - 2 = 7$ 时，$t_{0.90,7} = 1.90$，$t < t_{0.90}$

故以 0.90 的置信度认为 $\bar{x}_1$ 与 $\bar{x}_2$ 无显著性差异。

10. 解：(1) $7.993\ 6 \div 0.996\ 7 - 5.02 = 7.994 \div 0.996\ 7 - 5.02 = 8.02 - 5.02 = 3.00$

(2) $0.032\ 5 \times 5.103 \div 60.06 \div 139.8 = 0.032\ 5 \times 5.10 \times 60.1 \div 140 = 0.071\ 2$

(3) 　　　　　$(1.276 \times 4.17) + 1.7 \times 10^{-4} - (0.002\ 176\ 4 \times 0.012\ 1)$

　　　　$= (1.28 \times 4.17) + 1.7 \times 10^{-4} - (0.002\ 18 \times 0.012\ 1)$

　　　　$= 5.34 + 0 + 0$

　　　　$= 5.34$

(4) $pH = 1.05$，$[H^+] = 8.9 \times 10^{-2}$

11. 解:(1)
$$\bar{x} = \frac{60.72\% + 60.81\% + 60.70\% + 60.78\% + 60.56\% + 60.84\%}{6}$$
$$= 60.74\%$$

$$S = \sqrt{\frac{\sum d_i^2}{n-1}} = \sqrt{\frac{(0.02\%)^2 + (0.07\%)^2 + (0.04\%)^2 + (0.04\%)^2 + (0.18\%)^2 + (0.10\%)^2}{6-1}}$$
$$= 0.10\%$$

$$G_1 = \frac{\bar{x} - x_1}{S} = \frac{60.74\% - 60.56\%}{0.10\%} = 1.8$$

$$G_2 = \frac{x_6 - \bar{x}}{S} = \frac{60.84\% - 60.74\%}{0.10\%} = 1.0$$

查表得, $G_{0.95,6} = 1.82$, $G_1 < G_{0.95,6}$, $G_2 < G_{0.95,6}$, 故无舍去的测定值。

(2)
$$t = \frac{|\bar{x} - T|}{S} = \frac{|60.74\% - 60.75\%|}{0.10\%} = 0.10$$

查表得, $t_{0.95,5} = 2.57$, 因 $t < t_{0.95,5}$, 说明上述方法准确可靠。

(常军民)

★ 第三章 滴定分析法概论

复习要点

一、滴定分析法和滴定方式

1. **滴定分析法** 将一种已知准确浓度的试剂溶液滴加到待测物质的溶液中,直到所滴加的试剂与待测物质按化学计量关系定量反应为止,然后根据试液的浓度和体积,通过定量关系计算待测物质含量的方法。

2. **滴定** 它是将滴定剂通过滴管滴入待测溶液中的过程。

3. **滴定剂** 它是指浓度准确已知的试剂溶液。

4. **指示剂** 它是指滴定分析中能发生颜色改变而指示终点的试剂。

5. **滴定终点** 它是指滴定分析中指示剂发生颜色改变的那一点(实际)。

6. **化学计量点** 它是指滴定剂与待测溶液按化学计量关系反应完全的那一点(理论)。

7. **特点** 简便、快速,适于常量分析,准确度高,应用广泛。

8. **方法**

1) 酸碱滴定,沉淀滴定,氧化-还原滴定,络合滴定。

2) 非水滴定法:在水以外的有机溶剂中进行。

9. **滴定分析要求及主要方式**

要求:①反应定量、完全;②反应迅速;③具有合适的确定终点的方法。

主要方式:

(1) 返滴定法(剩余滴定法):先准确加入过量标准溶液,使与试液中的待测物质或固体试样进行反应,待反应完成以后,再用另一种标准溶液滴定剩余的标准溶液的方法。适用反应较慢或难溶于水的固体试样。

(2) 置换滴定法:先用适当试剂与待测物质反应,定量置换出另一种物质,再用标准溶液去滴定该物质的方法。适用无明确定量关系的反应。

(3) 间接法:通过另外的化学反应,以滴定法定量进行。适用不能与滴定剂起化学反应的物质。

二、标准溶液与基准物质

1. **标准溶液** 它是指浓度准确已知的溶液。

2. **基准物质** 它是指能用于直接配制或标定标准溶液的物质。

3. **标准溶液的配制方法**

（1）直接配制法：基准物质—称量—溶解—定量转移至—容量瓶中—稀释至刻度—根据称量的质量和体积计算标准溶液的准确浓度。

（2）间接配制法：

标定法：利用基准物质确定溶液准确浓度。

比较法：用一种已知浓度的标准溶液来确定另一种溶液浓度的方法。

4. 标准溶液浓度的表示方法

（1）物质量的浓度：单位体积溶液所含物质的量。

$$n_B = \frac{m_B}{M_B}(\text{mol}) \text{ 或 }(\text{mmol}) \quad , \quad c_B = \frac{n_B}{V_B} = \frac{m_B}{M_B V_B}(\text{mol} \cdot \text{L}^{-1}) \text{ 或 }(\text{mmol} \cdot \text{L}^{-1})$$

（2）滴定度：T_A 指每毫升标准溶液含有溶质的质量

$$T_A = \frac{m_A}{V} = \frac{c_A M_A}{V \times 1000}(\text{g/mL})$$

5. 滴定分析计算依据

$$n_A = \frac{a}{t} \cdot n_T$$

6. 滴定分析计算公式

（1）两种溶液相互作用

$$c_A \cdot V_A = \frac{a}{t} \cdot c_T \cdot V_T, c_T \cdot V_T = \frac{t}{a} \cdot c_A \cdot V_A$$

（2）固体和液体之间作用

$$\frac{m_A}{M_A} = \frac{a}{t} \cdot c_T \cdot V_T, m_A = \frac{a}{t} \cdot c_T \cdot V_T \cdot M_A/1000$$

（3）滴定度 T 与物质的量浓度 c 的关系。

1）1000mL 标准溶液中，每毫升标准溶液中所含溶质的质量

$$T_A = \frac{m_A}{V} = \frac{m_A}{1000}, T_A = \frac{c_A \times M_A}{1000}$$

2）每毫升滴定剂溶液相当于待测物质的质量

$$T_{T/A} = \frac{m_A}{V_T}, m_A = \frac{a}{t} \cdot c_T \cdot V_T \cdot M_A/1000, T_{T/A} = \frac{m_A}{V_T} = \frac{a}{t} \cdot \frac{c_T M_A}{1000}$$

（4）待测物百分含量的计算。

称取试样 Sg，含待测组分 A 的质量为 m_Ag，则待测组分的百分含量为

$$A\% = \frac{m_A}{S} \times 100\% , \Rightarrow A\% = \frac{a}{t} \cdot \frac{C_T \cdot V_T \cdot M_A}{S \times 1000} \times 100\% , A\% = \frac{T_{T/A} \cdot V_T}{S} \times 100\%$$

7. 滴定分析中的化学平衡

（1）质量平衡：MBE。

（2）电荷平衡：CBE。

（3）质子平衡：PBE。

强 化 训 练

一、单选题

A 型题

1. 滴定分析中,一般利用指示剂颜色的突变来判断等当点的到达,在指示剂变色时停止滴定。这一点称为(　　)
   A. 计量点　　　　　　　　　B. 滴定分析　　　　　　　　C. 滴定误差
   D. 滴定终点　　　　　　　　E. 终点误差

2. 欲配制 1000mL 0.1mol·L^{-1} HCl 溶液,应取浓盐酸(12mol·L^{-1} HCl)多少毫升(　　)
   A. 0.84mL　　　　B. 8.4mL　　　　C. 1.2mL　　　　D. 12mL　　　　E. 0.12mL

3. 配制 1000mL 0.1mol·L^{-1} HCl 标准溶液,需量取 8.3mL 12mol·L^{-1} 浓 HCl(　　)
   A. 用滴定管量取　　　　　　　　　　　　B. 用量筒量取
   C. 用刻度移液管量取　　　　　　　　　　D. 用小烧杯量取

4. 滴定中选择指示剂的原则是(　　)
   A. 指示剂变色范围化学计量点完全符合
   B. 指示剂应在 pH=7.00 时变化
   C. 指示剂变色范围应全部或部分落入滴定 pH 突跃范围之内
   D. 指示剂变色范围应全部落在滴定 pH 突跃范围之内
   E. 以上都不是

5. 可用于直接配制标准溶液的是(　　)
   A. KMnO$_4$(A.R.)　　　B. K$_2$Cr$_2$O$_7$(A.R.)　　　C. Na$_2$S$_2$O$_3$·5H$_2$O(A.R.)
   D. NaOH(A.R.)　　　　E. 水

6. 欲配制 2mol·L^{-1}HCl 溶液,应在 10mL 6mol·L^{-1} HCl 溶液中加水(　　)
   A. 100mL　　　　B. 50mL　　　　C. 30mL　　　　D. 20mL　　　　E. 5mL

7. 欲配制 1L 0.1mol·L^{-1} NaOH 溶液,应称取 NaOH(其摩尔质量为 40.01g/mol)多少克(　　)
   A. 0.4g　　　　B. 1g　　　　C. 4g　　　　D. 10g　　　　E. 0.5g

8. 欲配制 500mL 0.1mol·L^{-1}Na$_2$S$_2$O$_3$溶液,约需称取多少克的 Na$_2$S$_2$O$_3$·5H$_2$O(其摩尔质量为 248g/mol)(　　)
   A. 2.5g　　　　B. 5g　　　　C. 12.5g　　　　D. 25g　　　　E. 0.5g

9. 下列物质中可用于直接配制标准溶液的是(　　)
   A. 固体 NaOH(G.R.)　　　　　　B. 浓 HCl(G.R.)
   C. 固体 K$_2$Cr$_2$O$_7$(G.R.)　　　　　D. 固体 Na$_2$S$_2$O$_3$·5H$_2$O(A.R.)
   E. 水

10. 某基准物质 A 的摩尔质量为 50g/mol,用来标定 0.2mol·L^{-1}的 B 溶液,设反应为 A+2B=P,则每份基准物的称取量应为(　　)

   A. 0.1~0.2g　　　　　　B. 0.2~0.4g　　　　　C. 0.4~0.8g

   D. 0.8~1.0g　　　　　　E. 0.5~1.0g

11. 2.5g$Na_2S_2O_3 \cdot 5H_2O$（$M = 248.2$g/mol）配制成1L溶液。其浓度（mol·L^{-1}）约为（　　　）

   A. 0.001　　　　B. 0.01　　　　C. 0.1　　　　D. 0.2　　　　E. 0.5

12. 当试液中待测物质与滴定剂反应很慢时采用的滴定法是（　　　）

   A. 直接滴定法　　　　　　B. 间接滴定法　　　　C. 返滴定法

   D. 置换滴定法　　　　　　E. 标准法

13. K_2HPO_4的电荷平衡式为（　　　）

   A. $[H^+] + [K^+] = [OH^-] + [H_2PO_4^-] + 2[HPO_4^{2-}] + 3[PO_4^{3-}]$

   B. $[H^+] + [K^+] = [OH^-] + 2[H_2PO_4^-] + [HPO_4^{2-}] + [PO_4^{3-}]$

   C. $[H^+] + [K^+] = [OH^-] + [H_2PO_4^-] + [HPO_4^{2-}] + [PO_4^{3-}]$

   D. $[H^+] + [K^+] = [OH^-] + [H_2PO_4^-] + [HPO_4^{2-}] + 3[PO_4^{3-}]$

   E. 以上均不对

14. 下列说法正确的是（　　　）

   A. 指示剂应在弱碱性条件下变色

   B. 指示剂应在中性条件下变色

   C. 指示剂的变色范围应全部或部分落在pH突跃范围内

   D. 指示剂的变色范围必须全部落在pH突跃范围内

   E. 指示剂应在中性条件下变色

15. 化学计量点是指（　　　）

   A. 滴定液和被测物质质量完全相等的那一点

   B. 指示剂发生颜色变化的转折点

   C. 滴定液与被测组分按化学反应式反应完全时的那一点

   D. 滴入滴定液20mL时

   E. 滴定液与待测物质体积相等的那一点

16. 滴定分析法是属于（　　　）

   A. 微量分析　　　　　　B. 常量分析　　　　　C. 半微量分析

   D. 痕量分析　　　　　　E. 定性分析

17. 下列玻璃仪器能用直火加热的是（　　　）

   A. 滴定管　　　　　　　B. 量瓶　　　　　　　C. 锥形瓶

   D. 移液管　　　　　　　E. 试剂瓶

18. 在滴定分析中,化学计量点与滴定终点之间的关系是（　　　）

   A. 两者含义相同　　　　　B. 两者必须吻合　　　C. 两者互不相干

   D. 两者越接近,滴定误差越小　E. 两者的吻合程度与滴定误差无关

19. 已知准确浓度的试剂溶液称为（　　　）

   A. 分析纯试剂　　　　　　B. 标定溶液　　　　　C. 标准溶液

   D. 基准试剂　　　　　　　E. 优质试剂

20. 用直接法配置标准溶液,应选用的量器是(　　)

　　A. 烧杯　　　　B. 量筒　　　　C. 锥形瓶　　　　D. 容量瓶　　　　E. 试剂瓶

B 型题

　　A. 移液管　　　　　　　B. 滴定管　　　　　　　C. 容量瓶
　　D. 锥形瓶　　　　　　　E. 试剂瓶

21. 可直火加热的容器(　　)
22. 用于准确移取一定体积溶液的量器(　　)
23. 一般用于配制和准确稀释溶液的量器(　　)
24. 滴定中用于盛装待测溶液的仪器(　　)
25. 用于准确测量滴定中所消耗溶液体积的量器(　　)

二、填空题

1. 适用于直接配置标准溶液或标定标准溶液浓度的物质,叫____。
2. $T_{NaOH/HCl} = 0.003\ 646g \cdot (mL)^{-1}$表示:____。

三、判断题

1. 滴定分析中通常滴定终点与化学计量点是重合的。(　　)
2. 温度影响指示剂的变色范围。(　　)
3. 在滴定分析中,当指示剂变色时称反应到达了化学计量点。(　　)
4. 在滴定分析中,一般用指示剂颜色的突变来判断化学计量点的到达,它是选择指示剂的依据。(　　)
5. 要知道溶液的准确浓度,必须进行标定。(　　)
6. 碱式滴定管可盛放氧化性溶液。(　　)
7. 滴定终点一定和计量点吻合。(　　)
8. 纯净物质均可以用直接法配制溶液。(　　)
9. 所有纯度高的物质都是基准物质。(　　)
10. 电荷平衡方程中也包括中性分子。(　　)

四、简答题

1. 用于滴定分析的化学反应必须符合哪些条件?
2. 滴定终点与化学计量点有什么区别?
3. 解释以下名词术语:滴定分析法,滴定,标准溶液(滴定剂),标定,化学计量点,滴定终点,滴定误差,指示剂,基准物质。
4. 滴定度的表示方法 $T_{B/A}$ 和 $T_{B/A}\%$ 各自的意义如何?

五、计算题

1. 测定药用 Na_2CO_3 的含量,称取试样 0.123 0g,溶解后用浓度为 0.100 6mol · L^{-1} 的 HCl 标

准溶液滴定,终点时消耗该 HCl 标液 23.50mL,求试样中 Na_2CO_3 的百分含量。

2. 将 0.250 0g Na_2CO_3 基准物溶于适量水中后,用 0.2mol·L^{-1} 的 HCl 滴定至终点,问大约消耗此 HCl 溶液多少毫升?

3. 欲配制 c_{KMnO_4} ≈0.020mol·L^{-1} 的溶液 5.0×10^{-2}mL,须称取 $KMnO_4$ 多少克?

4. 准确称取 0.587 7g 基准试剂 Na_2CO_3 在 100mL 容量瓶中配制成溶液,其浓度为多少?

5. 根据物料平衡和电荷平衡写出(1)$(NH_4)_2CO_3$;(2)NH_4HCO_3 溶液的 PBE,浓度为 c(mol·L^{-1})。

6. 写出下列酸碱组分的 MBE、CEB 和 PBE(设定质子参考水准直接写出),浓度为 c(mol·L^{-1})。

(1) KHP   (2) $NaNH_4HPO_4$ (3) $NH_4H_2PO_4$ (4) NH_4CN

参考答案

一、单选题

1. D   2. B   3. B   4. C   5. B   6. D   7. C   8. C   9. C   10. A
11. B   12. C   13. A   14. C   15. C   16. B   17. C   18. D   19. C   20. D
21. D   22. A   23. C   24. D   25. B

二、填空题

1. 基准物质   2. 每毫升 NaOH 恰与 0.003 646g HCl 反应

三、判断题

1. ×   2. √   3. ×   4. √   5. ×   6. ×   7. ×   8. ×   9. ×   10. ×

四、简答题

1. 答:(1) 反应必须按一定的反应式进行,即反映具有确定的化学计量关系。

(2) 反应必须定量完成。

(3) 反应速度要快,最好在滴定剂加入后即可完成。

(4) 必须有适当的方法确定重点。

2. 答案:略。

3. 答:滴定分析法:将一种已知准确浓度的试剂溶液(即标准溶液)由滴定管滴加到被测物质的溶液中,直到两者按照一定的化学方程式所表示的计量关系完全反应为止,然后根据滴定反应的化学计量关系,标定溶液的浓度和体积用量,计算出被测组分的含量,这种定量分析的方法称为滴定分析法。

(1) 滴定:在用滴定分析法进行定量分析时,先将被测定物质的溶液置于一定的容器中(通常为锥形瓶),在适宜的条件下,再将另一种标准溶液通过滴定管逐滴地加到容器里,直到两者完全反应为止。这样的操作过程称为滴定。

(2) 标准溶液(滴定剂):已知准确浓度的试剂溶液。

（3）标定:将不具备基准物质条件的这类物质配制成近似于所需浓度的溶液,然后利用该物质与某基准物质或另一种标准溶液之间的反应来确定其准确浓度,这一操作过程称为标定。

（4）化学计量点:当滴入的标准溶液与被测定的物质按照一定的化学计量关系完全反应为止,称反应达到了化学计量点。

（5）滴定终点:滴定进行至指示剂的颜色发生突变时而终止,此时称为滴定终点。

（6）滴定误差:滴定终点与化学计量点往往并不相同,由此引起测定结果的误差称为终点误差,又称滴定误差。

（7）指示剂:为了便于观察滴定终点而加入的化学试剂。

（8）基准物质:能用于直接配制标准溶液的化学试剂称为基准物质。

4. 答:$T_{B/A}$表示每毫升标准溶液相当于被测物质的质量(g 或 mg)。$T_{B/A\%}$表示每毫升标准溶液相当于被测物质的质量分数。

五、计算题

1. 解:

$$\because n_{Na_2CO_3}/n_{HCl}=1/2$$

$$\therefore Na_2CO_3\% = \frac{1}{2} \cdot \frac{0.100\,6 \times 23.50 \times 106.0}{0.123\,0 \times 100\,0} \times 100\%$$

$$=99.70\%$$

2. 解:

$$\because n_{HCl}/n_{Na_2CO_3}=2$$

$$c_{HCl} \times V_{HCl} = 2 \times n_{Na_2CO_3} = \frac{2 \times m_{Na_2CO_3} \times 1000}{M_{Na_2CO_3}}$$

$$\therefore V_{HCl} = \frac{2 \times 0.250\,0 \times 1000}{0.2 \times 106.0} \approx 24\,(mL)$$

3. 解:设需称取 $KMnO_4$ xg

$$\frac{x}{M_{KMnO_4}} = cV$$

$$\therefore x = cVM_{KMnO_4} = 0.020 \times 0.5 \times 158.03 = 1.6g$$

4. 解:$c_{Na_2CO_3} = \frac{m/M}{V} = \frac{0.587\,7/105.99}{0.1} = 0.055\,44\,mol \cdot L^{-1}$

5. 解:(1) 　　　MBE:$[NH_4^+]+[NH_3]=2c$；$[H_2CO_3]+[HCO_3^-]+[CO_3^{2-}]=c$

　　　CBE:$[NH_4^+]+[H^+]=[OH^-]+[HCO_3^-]+2[CO_3^{2-}]$

　　　PBE:$[H^+]+[H_2CO_3]+[HCO_3^-]=[NH_3]+[OH^-]$

　（2）　　　MBE:$[NH_4^+]+[NH_3]=c$；$[H_2CO_3]+[HCO_3^-]+[CO_3^{2-}]=c$

　　　CBE:$[NH_4^+]+[H^+]=[OH^-]+[HCO_3^-]+2[CO_3^{2-}]$

　　　PBE:$[H^+]+[H_2CO_3]=[NH_3]+[OH^-]+[CO_3^{2-}]$

6. 答:(1) 　　　MBE:$[K^+]=c$

$$[H_2P]+[HP^-]+[P^{2-}]=c$$

$$CBE:[K^+]+[H^+]=2[P^{2-}]+[OH^-]+[HP^-]$$

$$PBE:[H^+]+[H_2P]=[HP^-]+[OH^-]$$

(2)
$$MBE:[Na^+]=[NH_4^+]=c$$

$$[H_2PO_4^-]+[H_3PO_4]+[HPO_4^{2-}]+[PO_4^{3-}]=c$$

$$CBE:[Na^+]+[NH_4^+]+[H^+]=[OH^-]+2[HPO_4^{2-}]+[PO_4^{3-}]$$

$$PBE:[H^+]+[H_2PO_4^-]+2[H_3PO_4]=[OH^-]+[NH_3]+[PO_4^{3-}]$$

(3)
$$MBE:[NH_4^+]=c$$

$$[H_3PO_4]+[H_2PO_4^-]+[HPO_4^{2-}]+[PO_4^{3-}]=c$$

$$CBE:[NH_4^+]+[H^+]=[H_2PO_4^-]+2[HPO_4^{2-}]+3[PO_4^{3-}]+[OH^-]$$

$$PBE:[H^+]+[H_3PO_4]=[OH^-]+[NH_3]+[HPO_4^{2-}]+2[PO_4^{3-}]$$

(4)
$$MBE:[NH_4^+]=c$$

$$[CN^-]+[HCN]=c$$

$$CBE:[NH_4^+]+[H^+]=[OH^-]+[CN^-]+[HCN]$$

$$PBE:[HCN]+[H^+]=[NH_3]+[OH^-]$$

（哈及尼沙·吾甫尔）

第四章　酸碱滴定法

复习要点

酸碱滴定法是基于质子转移的酸碱反应而建立的滴定分析法,是滴定分析中最重要、应用最为广泛的方法之一。可分为水相酸碱滴定和非水酸碱滴定两大类。

一、酸碱溶液氢离子浓度的计算

1. 一元酸(碱)溶液离子浓度的计算

(1) 强酸:$[H^+] = [A^-] = c_a$。

(2) 弱酸:$[H^+] = \sqrt{K_a c_a}$。

一元弱碱的处理方法类似,只要将 c_a,K_a,$[H^+]$换成 c_b,K_b,$[OH^-]$即可。

2. 多元酸(碱)溶液 pH 的计算

$$[H^+] = \sqrt{K_{a_1} c_a}$$

多元碱的处理类似。

3. 两性物质溶液 pH 的计算

$$[H^+] = \sqrt{K_{a_1} K_{a_2}} \qquad \rightarrow 最简式$$

即

$$pH = pK_{a_1} + pK_{a_2}$$

NaH_2PO_4

$$[H^+] = \sqrt{K_{a_1} K_{a_2}}$$

Na_2HPO_4

$$[H^+] = \sqrt{K_{a_2} K_{a_3}}$$

4. 缓冲溶液 pH 的计算

Handerson 缓冲公式:$[H^+] = \dfrac{c_a}{c_b} K_w$,即

$$pH = pK_a + 1g \frac{c_b}{c_a}$$

二、酸碱指示剂

酸碱滴定分析中,常用酸碱指示剂来确定终点的到达。

1. 指示剂的变色原理　酸碱指示剂(acid-base indicator)常为有机弱酸或有机弱碱,其共轭酸碱对在溶液中有着不同的结构,从而具有不同的颜色。当溶液的酸度发生改变时,其

结构转变,从而引起颜色的改变。如:酚酞(phenothalin,PP),其化学结构为有机弱酸,所以在酸性溶液中主要以酸式结构存在,溶液无色;在碱性溶液中,酚酞主要以其共轭碱形式存在,溶液呈红色。

2. 指示剂的变色范围

理论变色范围:$pH = pK_{In} \pm 1$。

理论变色点:$pH = pK_{In}([In^-] = [HIn])$。

3. 影响指示剂变色范围的主要因素

(1) 指示剂的用量。

(2) 温度。

三、酸碱滴定法基本原理

1. 滴定突跃范围及指示剂的选择原则

滴定突跃:化学计量点前后 0.1% 的变化引起 pH 值突然改变的现象。

滴定突跃范围:滴定突跃所在的范围。

影响突跃范围的因素:浓度,$c\uparrow$,$\Delta pH\uparrow$,可选指示剂↑多。例:$c\uparrow 10$ 倍,$\Delta pH\uparrow 2$ 个单位。选择原则:指示剂变色范围部分或全部落在滴定突跃范围内(指示剂变色点 pH 处于滴定突跃范围内)。

2. 弱酸能被准确滴定的判别式

$$c_a \cdot K_a \geqslant 10^{-8}$$

3. 弱碱能被准确滴定的判别式

$$c_b \cdot K_b \geqslant 10^{-8}$$

4. 多元酸碱被分步准确滴定的判别式

$c_a \cdot K_{ai} \geqslant 10^{-8}$ 或 $c_b \cdot K_{bi} \geqslant 10^{-8}$　　　　可以被准确滴定

$K_{ai}/K_{ai+1} \geqslant 10^4$ 或 $K_{bi}/K_{bi+1} \geqslant 10^4$　　　　可以被分步准确滴定

四、酸碱标准溶液的配制与标定

酸碱滴定中最常用的标准溶液是 HCl 和 NaOH,浓度一般在 $0.01 \sim 1 mol \cdot L^{-1}$,一般用 $0.1 mol \cdot L^{-1}$,采用间接法配制。

1. HCl 标准溶液

基准物:无水碳酸钠(1:2反应):易吸湿,300℃干燥1小时,干燥器中冷却;硼砂(1:2)反应:易风化失水,湿度为 60% 密闭容器保存。

指示剂:甲基橙、甲基红。

2. NaOH 标准溶液

基准物:邻苯二甲酸氢钾(1:1反应):纯净,易保存,质量大;草酸(1:2反应):稳定。

指示剂:酚酞。

五、酸碱滴定终点误差

由于指示剂的变色点不恰好在化学计量点,从而使滴定终点与计量点不完全一致,由此而来的相对误差,称为终点误差(end point error),系统误差(TE)。

TE 是一种系统(方法)误差,不包括滴定过程中的随机误差,是酸碱滴定中误差的主要来源。

1. 强酸强碱的滴定误差 以 NaOH 滴定 HCl 溶液为例,滴定终点误差应用终点时过量物质的量占应加入的物质的量的百分数表示,即

$$TE\% = \frac{[OH^-] - [H^+]}{c_{SP}} \times 100\%$$

2. 弱酸或弱碱的滴定终点误差

$$TE\% = \frac{[OH^-] - [HA] - [H^+]}{c_{SP}} \times 100\%$$

强 化 训 练

一、单选题

1. 共轭酸碱对 K_a 与 K_b 的关系是(　　　)

  A. $K_a \cdot K_b = 1$　　　　　B. $K_a \cdot K_b = K_w$　　　　　C. $K_a / K_b = K_w$

  D. $K_b / K_a = K_w$　　　　　E. $K_a + K_b = 1$

2. NH_3 的共轭酸是(　　　)

  A. NH_2^-　　　　B. NH_2OH　　　　C. NH_4^+　　　　D. NH_4OH　　　　E. NH_4Cl

3. 按质子理论,Na_2HPO_4 是(　　　)

  A. 中性物质　　　　　B. 酸性物质　　　　　C. 碱性物质

  D. 两性物质　　　　　E. 惰性物质

4. 浓度为 $0.10\,mol \cdot L^{-1}$ HCl 溶液的 pH 是(　　　)

  A. 4.0　　　　B. 3.0　　　　C. 2.0　　　　D. 1.0　　　　E. 6.0

5. 酸碱滴定中选择指示剂的原则是(　　　)

  A. 指示剂变色范围化学计量点完全符合

  B. 指示剂应在 pH = 7.00 时变化

  C. 指示剂变色范围应全部或部分落入滴定 pH 突跃范围之内

  D. 指示剂变色范围应全部落在滴定 pH 突跃范围之内

  E. 指示剂变色范围应全部落在滴定 pH 突跃范围之外

6. 浓度为 $0.1\,mol \cdot L^{-1}$ HAC($pK_a = 4.74$)溶液的 pH 是(　　　)

  A. 4.87　　　　B. 3.87　　　　C. 2.87　　　　D. 1.87　　　　E. 0.87

7. CO_3^{2-} 的其轭酸是(　　)

    A. H_2CO_3 B. CO_2 C. HCO_3^- D. Na_2CO_3 E. $NaHCO_3$

8. 标定 HCl 标准溶液常用下列哪种基准物(　　)

    A. 邻苯二甲酸氢钾   B. $K_2Cr_2O_7$ C. Na_2CO_3

    D. $Na_2CO_3 \cdot 5H_2O$ E. ZnO

9. 已知共轭酸碱对的 K_a 值, 则 K_b(　　)

    A. $K_b = K_w / K_a$ B. $K_b = K_w K_a$ C. $K_b = 1/K_a$

    D. $K_b = K_a$ E. $K_b = K_w$

10. $0.1 mol \cdot L^{-1}$ HAc 和 $0.1 mol \cdot L^{-1}$ NaAc 等体积混合后溶液的 pH 为(　　)

    A. pK_b B. pK_a C. $K_a \cdot c_a/c_b$

    D. $K_b \cdot c_a/c_b$ E. $pK_b + pK_a$

11. 下列说法正确的是(　　)

    A. 指示剂应在弱碱性条件下变色

    B. 指示剂应在中性条件下变色

    C. 指示剂的变色范围应全部或部分落在 pH 突跃范围内

    D. 指示剂的变色范围必须全部落在 pH 突跃范围内

    E. 指示剂应在中性条件下变色

12. $0.1 mol \cdot L^{-1}$ K_2HPO_4 的 pH 计算式为(　　)

    A. $(pK_{a_1} + pK_{a_2})/2$ B. $(pK_{a_2} + pK_{a_3})/2$ C. $2(pK_{a_2} + pK_{a_3})$

    D. $(pK_{a_1} + 1)/2$ E. $(pK_{a_2} + 1)/2$

13. 根据广义的酸碱理论, 下列哪种物质是碱(　　)

    A. H_3PO_4 B. HAc   C. NH_4^+ D. NH_3 E. HCl

14. 酸碱指示剂变色范围为(　　)

    A. $pH = pK_{In} \pm 1$ B. $pH = pK_{In} \pm 2$ C. $pH = pK_{In} \pm 3$

    D. $pH = pK_{In} \pm 4$ E. $pH = pK_{In} \pm 5$

15. 用 $0.1 mo \cdot L^{-1}$ NaOH 滴定 $0.1 mol \cdot L^{-1}$ 的甲酸($pK_a = 3.74$), 适用的指示剂为(　　)

    A. 甲基橙(3.46)   B. 百里酚蓝(1.65)   C. 甲基红(5.00)

    D. 酚酞(9.1)   E. 水

16. 欲配制 1000mL $0.1 mol \cdot L^{-1}$ HCl 溶液, 应取浓盐酸($12 mol \cdot L^{-1}$ HCl)多少毫升(　　)

    A. 0.84mL   B. 8.4mL   C. 1.2mL   D. 12mL   E. 0.12mL

17. $H_2PO_4^-$ 的共轭碱是(　　)

    A. H_3PO_4 B. HPO_4^{2-} C. PO_4^{3-} D. OH^- E. H^+

18. 已知某酸碱指示剂的 pK_{In} 为 3.4, 则该指示剂的理论变色范围为(　　)

    A. 3.4~5.4   B. 2~5   C. 3.1~5.1

    D. 2.4~4.4   E. 4.4~5.4

19. 浓度为 $0.1 mol \cdot L^{-1}$ HAc($pK_a = 4.74$)溶液的 pH 是(　　)

    A. 4.87   B. 3.87   C. 2.87   D. 1.87   E. 0.87

20. 标定 HCl 标准溶液常用下列哪种基准物(　　)
    A. 邻苯二甲酸氢钾　　　　B. $K_2Cr_2O_7$　　　　　　C. Na_2CO_3
    D. $Na_2CO_3 \cdot 5H_2O$　　　E. ZnO

21. 下列关于酸碱指示剂说法错误的是(　　)
    A. 酚酞指示剂在碱性条件下变色
    B. 甲基橙指示剂在酸性条件下变色
    C. 指示剂的变色范围应全部或部分落在滴定突跃范围内
    D. 指示剂的变色范围必须全部落在滴定突跃范围内
    E. 指示剂的用量影响指示剂的变色范围

22. 标定 NaOH 标准溶液常用下列哪种基准物(　　)
    A. 邻苯二甲酸氢钾　　　　B. $K_2Cr_2O_7$　　　　　　C. Na_2CO_3
    D. $Na_2CO_3 \cdot 5H_2O$　　　E. ZnO

23. 浓度为 $0.1mol \cdot L^{-1}$ 的 NH_4Cl($pK_b = 4.74$)溶液的 pH 是(　　)
    A. 5.13　　　B. 4.13　　　C. 3.13　　　D. 2.13　　　E. 1.13

24. pH 1.00 的 HCl 溶液和 pH 13.00 的 NaOH 溶液等体积混合后 pH 是(　　)
    A. 14　　　B. 12　　　C. 7　　　D. 6　　　E. 3

25. 将甲基橙指示剂加到无色水溶液中,溶液呈黄色,该溶液为(　　)
    A. 中性　　　B. 碱性　　　C. 酸性　　　D. 盐性　　　E. 不定

26. 将酚酞指示剂加到无色水溶液中,溶液呈无色,该溶液为(　　)
    A. 中性　　　B. 碱性　　　C. 酸性　　　D. 盐性　　　E. 不定

27. 酸碱滴定法选择指示剂时可以不考虑的因素是(　　)
    A. 滴定突跃的范围　　　　　　B. 指示剂的变色范围
    C. 指示剂的颜色变化　　　　　D. 指示剂相对分子质量的大小
    E. 滴定方向

28. 用 $0.10mol \cdot L^{-1}$ 的 HCl 滴定 Na_2CO_3 至第一化学计量点,此时可选用的指示剂为(　　)
    A. 甲基橙　　　B. 甲基红　　　C. 酚酞　　　D. 百里酚酞　　　E. 偶氮紫

29. $0.1mol \cdot L^{-1}KH_2PO_4$ 的 pH 计算式为(　　)
    A. $(pK_{a_1} + pK_{a_2})/2$　　　B. $(pK_{a_2} + pK_{a_3})/2$　　　C. $2(pK_{a_2} + pK_{a_3})$
    D. $(pK_{a_1} + 1)/2$　　　E. $2(pK_{a_1} + pK_{a_2})$

30. 关于指示剂的论述错误的是(　　)
    A. 指示剂的变色范围越窄越好
    B. 指示剂的用量应适当
    C. 只能用混合指示剂
    D. 指示剂的变色范围应部分或全部落在滴定突跃范围内
    E. 指示剂的理论变色点与温度有关

二、判断题

1. 酸碱指示剂的变色范围不受温度的影响。(　　)

2. 强碱滴定磷酸可产生三个滴定突跃。（　　）

3. 指示剂的用量影响指示剂的变色范围。（　　）

4. 指示剂的变色范围必须全部落在滴定突跃范围内。（　　）

5. 酸碱指示剂呈弱酸性或弱碱性。（　　）

6. 酸碱滴定的终点一定是计量点。（　　）

7. 滴定突跃范围越大,可供选择的指示剂种类越多。（　　）

8. 凡是酸碱性物质都可用酸碱滴定法测定。（　　）

9. 酸碱滴定曲线上突跃范围的大小只与酸碱的强弱有关。（　　）

10. 指示剂变色范围越窄,变色越敏锐。（　　）

三、填空题

1. 按广义酸碱理论,凡能够_____质子的为酸,凡能_____质子的为碱。

2. 一般情况下,满足_____条件时,一元弱碱即可被强酸准确滴定。

3. 由于氢氧化钠易吸收空气中的水分和 CO_2,所以其标准溶液应采用_____法配制。

4. 标定 HCl 标准溶液常用的基准物质是_____和硼砂。

5. 由于浓盐酸_____,其标准溶液用间接方法配制。

6. 滴定突跃范围有重要的实际意义,它是选择_____的依据。

7. 标定氢氧化钠溶液通常使用_____作为基准物质。

四、简答题

1. 写出下列各酸的共轭碱: H_2O, $H_2C_2O_4$, $H_2PO_4^-$, HCO_3^-, C_6H_5OH, $C_6H_5NH_3^+$, HS^-, $Fe(H_2O)_6^{3+}$, $R—NH^+CH_2COOH$。

2. 写出下列各碱的共轭酸: H_2O, NO_3^-, HSO_4^-, S^{2-}, $C_6H_5O^-$, $Cu(H_2O)_2(OH)_2$, $(CH_2)_6N_4$, $R—NHCH_2COO^-$。

3. 下列酸碱溶液浓度均为 $0.10mol \cdot L^{-1}$,能否采用等浓度的滴定剂直接准确进行滴定?

    （1） HF　　　　（2） KHP　　　　（3） $NH_3^+CH_2COONa$　　　　（4） NaHS　　　　（5） $NaHCO_3$

    （6） $(CH_2)_6N_4$　　　（7） $(CH_2)_6N_4 \cdot HCl$　　　（8） CH_3NH_2

4. 为什么一般都用强酸(碱)溶液作酸(碱)标准溶液?为什么酸(碱)标准溶液的浓度不宜太浓或太稀?

5. 下列多元酸(碱)、混合酸(碱)溶液中每种酸(碱)的分析浓度均为 $0.10mol \cdot L^{-1}$(标明的除外),能否用等浓度的滴定剂准确进行分步滴定或分别滴定?如能直接滴定(包括滴总量),根据计算的 pH_{SP} 选择适宜的指示剂。

    （1） H_3AsO_4　　　　　　　　　　　（2） $H_2C_2O_4$

    （3） $0.40mol \cdot L^{-1}$ 乙二胺　　　　　（4） $NaOH+(CH_2)_6N_4$

    （5） 邻苯二甲酸　　　　　　　　　　（6） 联氨

    （7） $H_2SO_4+H_3PO_4$　　　　　　　　（8） 乙胺+吡啶

6. 判断下列情况对测定结果的影响:

    （1） 用混有少量的邻苯二甲酸的邻苯二甲酸氢钾标定 NaOH 溶液的浓度。

（2）用吸收了 CO_2 的 NaOH 标准溶液滴定 H_3PO_4 至第一计量点;继续滴定至第二计量点时,对测定结果各有何影响?

五、计算题

1. 配制浓度为 $2.0mol \cdot L^{-1}$ 下列物质溶液各 $5.0 \times 10^{-2}mL$,应各取其浓溶液多少毫升?
   （1）氨水（密度 $0.89g \cdot cm^{-3}$,含 NH_3 29%）;（2）冰乙酸（密度 $1.05g \cdot cm^{-3}$,含 HAc100%）;（3）浓硫酸（密度 $1.84g \cdot cm^{-3}$,含 H_2SO_4 96%）

2. 欲配制 $c_{KMnO_4} \approx 0.020mol \cdot L^{-1}$ 的溶液 $5.0 \times 10^{-2}mL$,需称取 $KMnO_4$ 多少克?如何配制?应在 500.0mL 0.080 00mol $\cdot L^{-1}$ NaOH 溶液中加入多少毫升 0.500 0mol $\cdot L^{-1}$ NaOH 溶液,才能使最后得到的溶液浓度为 0.200 0mol $\cdot L^{-1}$?

3. 应在 500.0mL 0.080 00mol $\cdot L^{-1}$ NaOH 溶液中加入多少毫升浓 0.500 0mol $\cdot L^{-1}$ NaOH 溶液,才能使最后得到的溶液浓度为 0.200 0mol $\cdot L^{-1}$?

4. 要加多少毫升水到 1.000L 0.200 0mol $\cdot L^{-1}$ HCl 溶液里,才能使稀释后的 HCl 溶液对 CaO 的滴定度 $T_{HCl/CaO} = 0.005\ 000g \cdot mL^{-1}$?

5. 欲使滴定时消耗 0.10mol $\cdot L^{-1}$ HCl 溶液 20～25mL,应称取基准试剂 Na_2CO_3 多少克?此时称量误差能否小于 0.1%?

6. 准确称取 0.587 7g 基准试剂 Na_2CO_3 在 100mL 容量瓶中配制成溶液,其浓度为多少?称取该标准溶液 20.00mL 标定某 HCl 溶液,滴定中用去 HCl 溶液 21.96mL,计算该 HCl 溶液的浓度。

7. 用标记为 0.100 0mol $\cdot L^{-1}$ HCl 标准溶液标定 NaOH 溶液,求得其浓度为 0.101 8mol $\cdot L^{-1}$。已知 HCl 溶液的真实浓度为 0.099 9mol $\cdot L^{-1}$,如标定过程中其他误差均可忽略,求 NaOH 溶液的真实浓度。

8. 称取分析纯试剂 $MgCO_3$ 1.850g 溶解于过量的 HCl 溶液 48.48mL 中,待两者反应完全后,过量的 HCl 需 3.83mL NaOH 溶液返滴定。已知 30.33mL NaOH 溶液可以中和 36.40mL HCl 溶液。计算该 HCl 和 NaOH 溶液的浓度。

9. 称取分析纯试剂 $K_2Cr_2O_7$ 14.709g,配成 500.0mL 溶液,试计算:
   （1）$K_2Cr_2O_7$ 溶液的物质的量浓度;（2）$K_2Cr_2O_7$ 溶液对 Fe 和 Fe_2O_3 的滴定度。

10. 已知 1.00mL 某 HCl 标准溶液中含氯化氢 0.004 374g/mL,试计算:（1）该 HCl 溶液对 NaOH 的滴定度 $T_{HCl/NaOH}$;（2）该 HCl 溶液对 CaO 的滴定度 $T_{HCl/CaO}$。

11. 为了分析食醋中 HAc 的含量,移取试样 10.00mL 用 0.302 4mol $\cdot L^{-1}$ NaOH 标准溶液滴定,用去 20.17mL。已知食醋的密度为 1.055g $\cdot cm^{-3}$,计算试样中 HAc 的质量分数。

12. 在 1.000g $CaCO_3$ 试样中加入 0.510 0mol $\cdot L^{-1}$ HCl 溶液 50.00mL,待完全反应后再用 0.490 0mol $\cdot L^{-1}$ NaOH 标准溶液返滴定过量的 HCl 溶液,用去了 NaOH 溶液 25.00mL。求 $CaCO_3$ 的纯度。

13. 用 0.200 0mol $\cdot L^{-1}$ HCl 标准溶液滴定含有 20% CaO、75% $CaCO_3$ 和 5% 酸不溶物质的混合物,欲使 HCl 溶液的用量控制在 25mL 左右,应称取混合物试样多少克?

14. 用 0.101 8mol $\cdot L^{-1}$ NaOH 标准溶液测定草酸试样的纯度,为了避免计算,欲直接用所消耗 NaOH 溶液的体积(单位 mL)来表示试样中 $H_2C_2O_4$ 的质量分数(%),应称取试样多少克?

15. 一试液可能是 $NaOH$, $NaHCO_3$, Na_2CO_3 或它们的固体混合物的溶液。用 20.00mL 0.100 0mol·L^{-1} HCl 标准溶液,以酚酞为指示剂可滴定至终点。则在下列情况下,继以甲基橙作指示剂滴定至终点,还需加入多少毫升 HCl 溶液? 第三种情况试液的组成如何?

　　(1) 试液中所含 $NaOH$ 与 Na_2CO_3、物质的量比为 3:1。

　　(2) 原固体试样中所含 $NaHCO_3$ 和 $NaOH$ 的物质量比为 2:1。

　　(3) 加入甲基橙后滴半滴 HCl 溶液,试液即成终点颜色。

16. 用酸碱滴定法测定下述物质的含量,当它们均按指定的方程式进行反应时,被测物质与 H^+ 的物质的量之比各是多少?

　　(1) Na_2CO_3, $Al_2(CO_3)_3$, $CaCO_3$($CO_3^{2-}+2H^+=CO_2+H_2O$)。

　　(2) $Na_2B_4O_7·10H_2O$, B_2O_3, $NaBO_2·4H_2O$, B($B_4O_7^{2-}+2H^++5H_2O=4H_3BO_3$)。

17. 计算下列各溶液的 pH:

　　(1) $2.0×10^{-7}$mol·L^{-1}HCl　　　　　　(2) 0.020mol·L^{-1} H_2SO_4

　　(3) 0.10mol·$L^{-1}$$NH_4Cl$　　　　　　　(4) 0.025mol·L^{-1}HCOOH

　　(5) $1.0×10^{-4}$mol·L^{-1} HCN　　　　　(6) $1.0×10^{-4}$mol·L^{-1}NaCN

　　(7) 0.10mol·$L^{-1}$$(CH_2)_6N_4$　　　　　(8) 0.10mol·$L^{-1}$$NH_4CN$

　　(9) 0.010mol·L^{-1}KHP　　　　　　　(10) 0.10mol·$L^{-1}$$Na_2S$

　　(11) 0.10mol·$L^{-1}$$NH_3CH_2COOH$(氨基乙酸盐)

18. (1) 250mg$Na_2C_2O_4$溶解并稀释至 500mL,计算 pH=4.00 时该溶液中各种型体的浓度。

　　(2) 计算 pH=1.00 时,0.10mol·$L^{-1}$$H_2S$ 溶液中各型体的浓度。

19. 20.0g 六亚甲基四胺加 12mol·L^{-1}HCl 溶液 4.0mL,最后配制成 100mL 溶液,其 pH 为多少?

20. 若配制 pH=10.00,$c_{NH_3}=c_{NH_4^+}=1.0$mol·L^{-1}的 NH_3-NH_4Cl 缓冲溶液 1.0L,需要 15mol·L^{-1}的稀氨溶液多少毫升? 需要 NH_4Cl 多少克?

21. 欲配制 100mL 氨基乙酸缓冲溶液,其总浓度 $c=0.10$mol·L^{-1},pH=2.00,需氨基乙酸多少克? 还需加多少毫升 1.0mol·L^{-1}酸或碱? 已知氨基乙酸的摩尔质量 $M=75.07$g·mol^{-1}。

22. (1) 在 100mL 由 1.0mol·L^{-1}HAc 和 1.0mol·L^{-1}NaAc 组成的缓冲溶液中,加入 1.0mL 6.0mol·L^{-1} NaOH 溶液滴定后,溶液的 pH 有何变化?

　　(2) 若在 100mL pH=5.00 的 HAc-NaAc 缓冲溶液中加入 1.0mL 6.0mol·L^{-1}NaOH 后,溶液的 pH 增大 0.10 单位。问此缓冲溶液中 HAc,NaAc 的分析浓度各为多少?

23. 计算下列标准缓冲溶液的 pH(考虑离子强度的影响):

　　(1) 0.034mol·L^{-1}饱和酒石酸氢钾溶液;

　　(2) 0.010mol·L^{-1}硼砂溶液。

24. 某一弱酸 HA 试样 1.250g 用水稀释至 50.00mL,可用 41.20mL 0.090 00mol·L^{-1}NaOH 滴定至计量点。当加入 8.24mL NaOH 时溶液的 pH=4.30。

　　(1) 求该弱酸的摩尔质量;

　　(2) 计算弱酸的解离常数 K_a 和计量点的 pH;选择何种指示剂?

25. 取 25.00mL 苯甲酸溶液,用 20.70mL 0.100 0mol·L⁻¹NaOH 溶液滴定至计量点。
    (1) 计算该苯甲酸溶液的浓度;(2) 求计量点的 pH;(3) 应选择哪种指示剂?

26. 计算用 0.100 0mol·L⁻¹HCl 溶液滴定 20.00mL0.10mol·L⁻¹NH₃ 溶液时:(1) 计量点;
    (2)计量点前后±0.1%相对误差时溶液的 pH;(3)选择哪种指示剂?

27. 计算用 0.100 0mol·L⁻¹HCl 溶液滴定 0.050mol·L⁻¹Na₂B₄O₇ 溶液至计量点时的 pH(B₄
    O₇²⁻+2H⁺+5H₂O=4H₃BO₃)。选用何种指示剂?

28. 二元酸 H₂B 在 pH = 1.50 时,δ_{H₂B} = δ_{HB⁻};pH = 6.50 时,δ_{HB⁻} = δ_{B²⁻}。(1) 求 H₂B 的 K_{a_1} 和
    K_{a_2};(2) 能否以 0.100 0mol·L⁻¹NaOH 分步滴定 0.10mol·L⁻¹的 H₂B?(3) 计算计量
    点时溶液的 pH;(4) 选择适宜的指示剂。

29. 计算下述情况时的终点误差:
    (1) 用 0.100 0mol·L⁻¹NaOH 溶液滴定 0.10mol·L⁻¹HCl 溶液,以甲基红(pH_{ep} = 5.5)为
    指示剂;(2) 分别以酚酞(pH_{ep} = 8.5)、甲基橙(pH_{ep} = 4.0)作指示剂,用 0.100 0mol·L⁻¹
    HCl 溶液滴定 0.10mol·L⁻¹NH₃溶液。

30. 在一定量甘露醇存在下,以 0.020 00mol·L⁻¹NaOH 滴定 0.020mol·L⁻¹H₃BO₃(此时
    $K_a = 4.0×10^{-6}$)至 pH_{ep} = 9.00。(1) 计算计量点时的 pH;(2) 求终点误差。

31. 标定某 NaOH 溶液得其浓度为 0.102 6mol·L⁻¹,后因为暴露于空气中吸收了 CO₂。取
    该碱液 25.00mL,用 0.114 3mol·L⁻¹HCl 溶液滴定至酚酞终点,用去 HCl 溶液
    22.31mL。计算:(1) 每升碱液吸收了多少克 CO₂?(2) 用该碱液滴定某一弱酸,若浓
    度仍以 0.102 6mol·L⁻¹计算,会引起多大的误差?

32. 用 0.100 0mol·L⁻¹HCl 溶液滴定 20.00mL 0.10mol·L⁻¹NaOH。若 NaOH 溶液中同时
    含有 0.20mol·L⁻¹NaAc,(1)求计量点时的 pH;(2)若滴定到 pH = 7.00 结束,有多少
    NaAc 参加了反应?

33. 称取含硼酸及硼砂的试样 0.601 0g,用 0.100 0mol·L⁻¹HCl 标准溶液滴定,以甲基红为
    指示剂,消耗 HCl 20.00mL;再加甘露醇强化后,以酚酞为指示剂,用 0.200 0mol·L⁻¹
    NaOH 标准溶液滴定,消耗 30.00mL。计算试样中硼砂和硼酸的质量分数。

34. 含有酸不溶物的混合碱试样 1.100g,用水溶解后用甲基橙为指示剂,滴定终点时用去
    HCl 溶液(T_{HCl/CaO} = 0.014 00g·mL⁻¹)31.40mL;同样质量的试样改用酚酞做指示剂,用
    上述 HCl 标准溶液滴定至终点时用去 13.30mL。计算试样中不与酸反应的杂质的质量
    分数。

35. 某试样中仅含 NaOH 和 Na₂CO₃。称取 0.372 0g 试样用水溶解后,以酚酞为指示剂,消耗
    0.150 0mol·L⁻¹HCl 溶液 40.00mL,问还需多少毫升 HCl 溶液以达到甲基橙的变色点?

36. 干燥的纯 NaOH 和 NaHCO₃按 2:1 的质量比混合后溶于水,并用盐酸标准溶液滴定。使
    用酚酞指示剂时用去盐酸的体积为 V₁,继用甲基橙作指示剂,用去盐酸的体积为 V₂。求
    V₁/V₂(3 位有效数字)。

37. 某溶液中可能含有 H₃PO₄ 或 NaNH₂PO₄ 或 Na₂HPO₄,或是它们不同比例的混合溶液。以
    酚酞为指示剂,用 48.36mL 1.000mol·L⁻¹NaOH 标准溶液滴定至终点;接着加入甲基
    橙,再用 33.72mL 1.000mol·L⁻¹ HCl 溶液回滴至甲基橙终点(橙色),问混合后该溶液
    组成如何? 并求出各组分的物质的量(mmol)。

38. 称取 3.000g 磷酸盐试样溶解后,用甲基红作指示剂,以 14.10mL 0.500 0mol · L⁻¹ HCl 溶液滴定至终点;同样质量的试样,以酚酞作指示剂,需 5.00mL 0.600 0mol · L⁻¹ NaOH 溶液滴定至终点。(1) 试样的组成如何?(2) 计算试样中 P_2O_5 的质量分数。

39. 粗氨盐 1.000g,加入过量 NaOH 溶液并加热,逸出的氨吸收于 56.00mL 0.250 0mol · L⁻¹ H_2SO_4 中,过量的酸用 0.500 0mol · L⁻¹ NaOH 回滴,用去 1.56mL。计算试样中 NH_3 的质量分数。

40. 食肉中蛋白质含量的测定,是按下法测得 N 的质量分数乘以因数 6.25 即得结果。称 2.000g 干肉片试样用浓硫酸(汞为催化剂)煮解,直至存在的氮完全转化为硫酸氢铵。再用过量的 NaOH 处理,放出的 NH_3 吸收于 50.00mL H_2SO_4(1.00mL 相当于 0.018 60g Na_2O)中。过量的酸需要用 28.80mL NaOH(1.00mL 相当于 0.126 6g 邻苯二甲酸氢钾)反滴定。计算肉片中蛋白质的质量分数。

41. 称取不纯的未知的一元弱酸 HA(摩尔质量为 82.00g · mol⁻¹)试样 1.600g,溶解后稀释至 60.00mL,以 0.250 0mol · L⁻¹ NaOH 进行电位滴定。已知 HA 被中和一半时溶液的 pH=5.00,而中和至计量点时溶液的 pH=9.00。计算试样中 HA 的质量分数。

42. 在 20.00mL 0.100 0mol · L⁻¹ HA($K_a = 1.0 \times 10^{-7}$)溶液中加入等浓度的 NaOH 溶液 20.02mL,计算溶液的 pH。

参 考 答 案

一、单选题

1. B　2. C　3. D　4. D　5. C　　6. C　7. C　8. C　9. A　10. B
11. C　12. B　13. D　14. A　15. D　　16. B　17. B　18. D　19. C　20. C
21. D　22. A　23. A　24. C　25. C　　26. B　27. D　28. C　29. A　30. C

二、判断题

1. ×　2. ×　3. √　4. ×　5. √　　6. ×　7. √　8. ×　9. ×　　10. √

三、填空题

1. 给出,接受　2. $c_b K_b \geqslant 10^{-8}$　3. 间接　4. 无水碳酸钠　5. 具有挥发性　6. 指示剂　7. 邻苯二甲酸氢钾

四、简答题

1. 答:H_2O 的共轭碱为 OH^-。
　$H_2C_2O_4$ 的共轭碱为 $HC_2O_4^-$。
　$H_2PO_4^-$ 的共轭碱为 HPO_4^{2-}。
　HCO_3^- 的共轭碱为 CO_3^{2-}。
　C_6H_5OH 的共轭碱为 $C_6H_5O^-$。

$C_6H_5NH_3^+$的共轭碱为 $C_6H_5NH_2$。

HS^-的共轭碱为 S^{2-}。

$Fe(H_2O)_6^{3+}$ 的共轭碱为 $Fe(H_2O)_5(OH)^{2+}$。

$R—NH_2^+CH_2COOH$ 的共轭碱为 $R—NHCH_2COOH$。

2. 答：H_2O 的共轭酸为 H^+。

NO_3^- 的共轭酸为 HNO_3。

HSO_4^- 的共轭酸为 H_2SO_4。

S^{2-} 的共轭酸为 HS^-。

$C_6H_5O^-$ 的共轭酸为 C_6H_5OH。

$Cu(H_2O)_2(OH)_2$的共轭酸为 $Cu(H_2O)_3(OH)^+$。

$(CH_2)_6N_4$的共轭酸为$(CH_2)_4N_4H^+$。

$R—NHCH_2COO^-$的共轭酸为 $R—NHCHCOOH$。

3. 答：（1）$K_a = 7.2 \times 10^{-4}$，$c_{SP}K_a = 0.1 \times 7.2 \times 10^{-4} = 7.2 \times 10^{-5} > 10^{-8}$

（2）$K_{a_2} = 3.9 \times 10^{-6}$，$c_{SP}K_{a_2} = 0.1 \times 3.9 \times 10^{-6} = 3.9 \times 10^{-7} > 10^{-8}$

（3）$K_{a_2} = 2.5 \times 10^{-10}$，$c_{SP}K_{a_2} = 0.1 \times 2.5 \times 10^{-10} = 2.5 \times 10^{-11} < 10^{-8}$

（4）$K_{a_1} = 5.7 \times 10^{-8}$，$K_{b_2} = K_w/K_{a_1} = 1.0 \times 10^{-14}/5.7 \times 10^{-8} = 1.8 \times 10^{-7}$，

$c_{SP}K_{b_2} = 0.1 \times 1.8 \times 10^{-7} = 1.8 \times 10^{-8} > 10^{-8}$

（5）$K_{a_2} = 5.6 \times 10^{-11}$，$K_{b_1} = K_w/K_{a_2} = 1.0 \times 10^{-14}/5.6 \times 10^{-11} = 1.8 \times 10^{-4}$，

$c_{SP}K_{b_1} = 0.1 \times 1.8 \times 10^{-4} = 1.8 \times 10^{-5} > 10^{-8}$

（6）$K_b = 1.4 \times 10^{-9}$，$c_{SP}K_b = 0.1 \times 1.4 \times 10^{-9} = 1.4 \times 10^{-10} < 10^{-8}$

（7）$K_b = 1.4 \times 10^{-9}$，$K_a = K_w/K_b = 1.0 \times 10^{-14}/1.4 \times 10^{-9} = 1.7 \times 10^{-6}$，

$c_{SP}K_a = 0.1 \times 1.7 \times 10^{-6} = 1.7 \times 10^{-7} > 10^{-8}$

（8）$K_b = 4.2 \times 10^{-4}$，$c_{SP}K_b = 0.1 \times 4.2 \times 10^{-4} = 4.2 \times 10^{-5} > 10^{-8}$

根据 $c_{SP}K_a \geqslant 10^{-8}$ 可直接滴定，查表计算只（3），（6）不能直接准确滴定，其余可直接滴定。

4. 答：用强酸或强碱作滴定剂时，其滴定反应为：

$$H^+ + OH^- = H_2O$$

$$K_t = \frac{1}{[H^+][OH^-]} = \frac{1}{K_w} = 1.0 \times 10^{14} \qquad (25℃)$$

此类滴定反应的平衡常数 K_t 相当大，反应进行得十分完全。但酸（碱）标准溶液的浓度太浓时，滴定终点时过量的体积一定，因而误差增大；若太稀，终点时指示剂变色不明显，故滴定的体积也会增大，致使误差增大。故酸（碱）标准溶液的浓度均不宜太浓或太稀。

5. 答：根据 $c_{SP}K_a(K_b) \geqslant 10^{-8}$，$pc_{SP} + pK_a(K_b) \geqslant 8$ 及 $K_{a_1}/K_{a_2} > 10^5$，$pK_{a_1} - pK_{a_2} > 5$ 可直接计算得知是否可进行滴定。

（1）H_3AsO_4，$K_{a_1} = 6.3 \times 10^{-3}$，$pK_{a_1} = 2.20$；$K_{a_2} = 1.0 \times 10^{-7}$，$pK_{a_2} = 7.00$；$K_{a_3} = 3.2 \times 10^{-12}$，$pK_{a_3} = 11.50$。

故可直接滴定一级和二级，三级不能滴定。

$$pH_{SP} = \frac{1}{2}(pK_{a_1}+pK_{a_2}) = 4.60$$

溴甲酚绿；

$$pH_{SP} = \frac{1}{2}(pK_{a_2}+pK_{a_3}) = 9.25$$

酚酞。

（2） $\qquad$ $H_2C_2O_4$ $\quad pK_{a_1}=1.22$; $pK_{a_2}=4.19$

$$pH_{SP} = 14-pcK_{b_1}/2 = 14+(\lg0.1/3-14+4.19) = 8.36 \qquad K_{a_1}/K_{a_2}<10^{-5}$$

故可直接滴定一、二级氢,酚酞由无色变为红色。

（3） $0.40mol \cdot L^{-1}$ 乙二胺

$$pK_{b_1}=4.07; \ pK_{b_2}=7.15$$

$$cK_{b_2} = 0.4\times7.1\times10^{-8}>10^{-8}$$

$$pH_{SP} = pcK_{a_1}/2 = (\lg0.4/3+14-7.15)/2 = 2.99$$

故可同时滴定一、二级,甲基黄由黄色变为红色。

（4） $\qquad$ $NaOH+(CH_2)_6N_4$ $\quad pK_b=8.85$

$$pH_{SP} = 14-pcK_b/2 = 14+(\lg0.1/2-8.85)/2 = 8.92$$

故可直接滴定 NaOH,酚酞,由无色变为红色。

（5）邻苯二甲酸 $\qquad pK_{a_1}=2.95$; $pK_{a_2}=5.41$

$$pH_{SP} = pK_w-pcK_{b_1}/2 = 14+[\lg0.05-(14-5.41)]/2 = 8.90$$

故可直接滴定一、二级氢,酚酞由无色变为红色。

（6）联氨 $\qquad pK_{b_1}=5.52$; $pK_{b_2}=14.12$

$$pH_{SP} = pcK_{a_2}/2 = (-\lg0.1/2+14-5.52)/2 = 6.22$$

故可直接滴定一级,甲基红由黄色变为红色。

（7） $\qquad$ $H_2SO_4+H_3PO_4$ $\qquad pH_{SP} = [pcK_{a_1}K_{a_2}/(c+K_{a_1})]/2 = 4.70$

甲基红,由黄色变为红色

$$pH_{SP} = [pK_{a_2}(cK_{a_3}+K_{aw})/c]/2 = 9.66$$

故可直接滴定到磷酸二氢盐、磷酸一氢盐,酚酞由无色变为红色。

（8）乙胺+吡啶

$$pK_{b_1}=3.25 \qquad pK_{b_2}=8.77$$

$$pH_{SP} = pcK_a/2 = (-\lg0.1/2+14-3.25)/2 = 6.03$$

故可直接滴定乙胺,甲基红由红色变为黄色。

6. 答:(1) 使测定值偏小。

(2) 使第一计量点测定值不受影响,第二计量点偏大。

五、计算题

1. 解:(1) 设取其浓溶液 V_1mL, $m_{NH_3}=\rho_1 V_1 NH_3\%$

$$CV = \frac{m_{NH_3}}{M_{NH_3}},$$

$$\therefore V_1 = \frac{CVM_{NH_3}}{\rho_1 29\%} = \frac{2.0 \times 0.5 \times 17.03}{0.89 \times 29\%} = 66\text{mL}$$

（2）设取其浓溶液 V_2 mL

$$\therefore V_2 = \frac{CVM_{HAc}}{\rho_2 100\%} = \frac{2.0 \times 0.5 \times 60}{1.05 \times 100\%} = 57\text{mL}$$

（3）设取其浓溶液 V_3 mL

$$\therefore V_3 = \frac{CVM_{H_2SO_4}}{\rho_3 96\%} = \frac{2.0 \times 0.5 \times 98.03}{1.84 \times 96\%} = 56\text{mL}$$

2. 解：设需称取 $KMnO_4$ xg

$$\frac{x}{M_{KMnO_4}} = cV$$

$$\therefore x = CVM_{KMnO_4} = 0.020 \times 5.0 \times 10^{-2} \times 10^{-3} \times 158.03 = 1.6\text{g}$$

用标定法进行配制。

3. 解：设加入 V_2 mL NaOH 溶液

$$c = \frac{C_1 V_1 + C_2 V_2}{V_1 + V_2}$$

即

$$\frac{500.0 \times 0.080\,00 + 0.500\,0 V_2}{500.0 + V_2} = 0.200\,0$$

解得：$V_2 = 200.0$mL

4. 解：已知 $M_{CaO} = 56.08$g/mol，HCl 与 CaO 的反应

$$CaO + 2H^+ = Ca^{2+} + H_2O$$

即：$\dfrac{b}{a} = 2$

稀释后 HCl 标准溶液的浓度为

$$C_{HCl} = \frac{10^3 \times T_{HCl/CaO}}{M_{CaO}} \times 2 = \frac{1.000 \times 10^3 \times 0.005\,000 \times 2}{56.08} = 0.178\,3\text{mol} \cdot \text{L}^{-1}$$

设稀释时加入纯水为 V，依题意

$$1.000 \times 0.200\,0 = 0.1783 \times (1.000 + 10^{-3} \times V)$$

$$\therefore V = 121.7\text{mL}$$

5. 解：设应称取 xg

$$Na_2CO_3 + 2HCl === 2NaCl + CO_2 + H_2O$$

当 $V_1 = V = 20$mL，时

$$x = 0.5 \times 0.10 \times 20 \times 10^{-3} \times 105.99 = 0.11\text{g}$$

当 $V_2 = V = 25$mL，时

$$x = 0.5 \times 0.10 \times 25 \times 10^{-3} \times 105.99 = 0.13\text{g}$$

此时称量误差不能小于 0.1%

6. 解：

$$C_{Na_2CO_3} = \frac{m/M}{V} = \frac{0.587\,7/105.99}{0.1} = 0.055\,44\text{mol} \cdot \text{L}^{-1}$$

$$Na_2CO_3+2HCl=\!\!=\!\!=2NaCl+CO_2+H_2O$$

设 HCl 的浓度为 c_{HCl}，则可得关系式为

$$c_{HCl}\times V_{HCl}=2c_{Na_2CO_3}\times V_{Na_2CO_3}$$

$$c_{HCl}\times21.96=0.055\,44\times20.00\times2$$

$$c_{HCl}=0.101\,0mol\cdot L^{-1}$$

7. 解：设 NaOH 的真实浓度为 c

$$则\frac{V_1}{V_2}=\frac{c_1}{c_2}=\frac{0.101\,8}{0.100\,0}=1.018$$

当 $c_1=0.099\,9mol\cdot L^{-1}$时，

$$则 c=\frac{c_1V_1}{V_2}=\frac{0.099\,9\times1.018}{1}=0.101\,7mol\cdot L^{-1}$$

8. 解：设 HCl 和 NaOH 溶液的浓度分别为 c_1 和 c_2

$$MgCO_3+2HCl=\!\!=\!\!=MgCl_2+CO_2+H_2O$$

30.33mL NaOH 溶液可以中和 36.40mL HCl 溶液。即

$$36.40\,/\,30.33=1.2$$

即 1mL NaOH 相当于 1.20mL HCl

因此，实际与 $MgCO_3$ 反应的 HCl 为

$$48.48-3.83\times1.20=43.88mL$$

由 $m_A=c_TM_A\dfrac{V_T\cdot a}{1000t}$得

$$c_1=c_{HCl}=\frac{m_{MgCO_3}\times1000\times2}{M_{MgCO_3}\times V_{HCl}}=\frac{1.850\times1000\times2}{84.32\times43.88}=1.000mol\cdot L^{-1}$$

在由 $\dfrac{V_1}{V_2}=\dfrac{c_1}{c_2}$得

$$c_{NaOH}=\frac{36.40\times0.001}{30.33\times0.001}\times1.000=1.200mol\cdot L^{-1}$$

HCl 和 NaOH 溶液的浓度分别为 $1.000mol\cdot L^{-1}$和 $1.200mol\cdot L^{-1}$

9. 解：根据公式：

$$c_B=\frac{m_B}{M_B\times V}$$

（1）已知，$m_{K_2Cr_2O_7}=14.709g$，$V=500mL$ 和 $M_{K_2Cr_2O_7}=294.2g/(mol\cdot L^{-1})$
代入上式得：

$$c_{K_2Cr_2O_7}=\frac{14.709g}{294.2g/mol\times\dfrac{500mL}{1000mL/L}}=0.100\,0mol\cdot L^{-1}$$

（2）$Cr_2O_7^{2-}+6Fe^{2+}+14H^+=\!\!=\!\!=2Cr^{3+}+6Fe^{3+}+7H_2O$

$$n_{Cr_2O_7^{2-}}=\frac{1}{6}\times n_{Fe^{2+}}\qquad n_{Cr_2O_7^{2-}}=\frac{1}{3}\times n_{Fe_2O_3}$$

$$\therefore T_{K_2Cr_2O_7/Fe} = c_{K_2Cr_2O_7} \times \frac{1}{1000mL \cdot L^{-1}} \times 6 \times M_{Fe}$$

$$= 0.100\,0moL \cdot L^{-1} \times \frac{1}{1000mL \cdot L^{-1}} \times 6 \times 55.845g \cdot moL^{-1}$$

$$= 0.033\,51g \cdot mL^{-1}$$

$$T_{K_2Cr_2O_7/Fe_2O_3} = c_{K_2Cr_2O_7} \times \frac{1}{1000mL \cdot L^{-1}} \times 3 \times M_{Fe_2O_3}$$

$$= 0.100\,0mol \cdot L^{-1} \times \frac{1}{1000mL \cdot L^{-1}} \times 3 \times 159.7g \cdot mol^{-1}$$

$$= 0.047\,91g \cdot mL^{-1}$$

10. 解:(1)

$$T_{HCl/NaOH} = c_{HCl} \times M_{NaOH} = \frac{1.00 \times 0.004\,374}{36.46} \times 40.00$$

$$= 0.004\,799g \cdot mL^{-1}$$

(2)

$$T_{HCl/CaO} = c_{HCl} \times M_{CaO} \times \frac{1}{2} = \frac{1.00 \times 0.004\,37}{36.46} \times 56.08 \times \frac{1}{2}$$

$$= 0.003\,364g \cdot mL^{-1}$$

11. 解:

$$HAc\% = \frac{c_{NaOH}V_{NaOH} \times M_{HAc} \times 10^{-3}}{c_{HAc}V_{HAc}}$$

$$= \frac{0.302\,4 \times 20.17 \times 10^{-3} \times 60.05}{1.055 \times 10} \times 100\%$$

$$= 3.47\%$$

12. 解:

$$2HCl + CaCO_3 \Longrightarrow CaCl_2 + H_2O + CO_2$$

$$HCl + NaOH \Longrightarrow NaCl + H_2O$$

$$CaCO_3\% = \frac{(c_{HCl}V_{HCl} - c_{NaOH}V_{NaOH}) \times M_{CaCO_3} \times \frac{1}{2}}{m_{CaCO_3} \times 1000} \times 100\%$$

$$= \frac{(0.510\,0 \times 50.00 - 0.490\,0 \times 25.00) \times 100.09 \times \frac{1}{2}}{1.000 \times 1000} \times 100\%$$

$$= 66.31\%$$

13. 解:

$$2HCl + CaO \Longrightarrow CaCl_2 + H_2O$$

$$2HCl + CaCO_3 \Longrightarrow CaCl_2 + H_2O + CO_2$$

$$n_{总HCl} = 0.200\,0 \times 2.5 \times 10^{-3} = 5 \times 10^{-3} mol$$

设称取混合物试样 xg,则

$$\frac{x \times 20\%}{56.08} \times 2 + \frac{75\%x}{100.09} \times 2 = 5 \times 10^{-3}$$

解得

$$x = 0.23g$$

14. 解:

$$2NaOH + H_2C_2O_4 \Longrightarrow Na_2C_2O_4 + 2H_2O$$

设 $H_2C_2O_4$ 的百分含量为 $x\%$,得

$$S=\frac{c_{NaOH}\times x\%\times0.001\times M_{H_2C_2O_4}\times0.5}{x\%}=\frac{0.101\ 8\times x\%\times0.001\times90.04\times0.5}{x\%}=0.458\ 3g$$

15. 答:(1) 还需加入 HCl 为:$20.00\div4=5.00mL$。

    (2) 还需加入 HCl 为:$20.00\times2=40.00mL$。

    (3) 由 NaOH 组成。

16. 答:(1) 物质的量之比分别为:$1:2,1:6,1:2$。

    (2) 物质的量之比分别为:$1:2,1:2,1:1,1:1$。

17. 解:(1) $pH=7-lg2=6.62$

    (2) $[H^+]=\dfrac{(0.02-1.0\times10^{-2})+\sqrt{(0.02-1.0\times10^{-2})^2+8\times0.02\times1.0\times10^{-2}}}{2}$

        $=5.123\times10^{-2}$

        $pH=lg[H^+]=1.59$

    (3) $[H^+]=\sqrt{cK_a+K_w}=\sqrt{0.10\times5.6\times10^{-10}+1.0\times10^{-14}}=7.48\times10^{-6}$

        $pH=-lg[H^+]=5.13$

    (4) $[H^+]=\sqrt{cK_a}=\sqrt{0.025\times1.84\times10^{-4}}=2.1\times10^{-3}$

        $pH=-lg[H^+]=2.69$

    (5) $[H^+]=\sqrt{cK_a}=\sqrt{1.0\times10^{-4}\times7.2\times10^{-10}}=2.68\times10^{-7}$

        $pH=-lg[H^+]=6.54$

    (6) $[OH^-]=\sqrt{cK_b}=\sqrt{1.0\times10^{-4}\times\dfrac{1.0\times10^{-14}}{7.2\times10^{-10}}}=3.74\times10^{-5}$

        $pOH=4.51$ $pH=9.49$

    (7) $[OH^-]=\sqrt{cK_b}=\sqrt{0.1\times1.4\times10^{-9}}=1.18\times10^{-5}$

        $pOH=4.93$ $pH=9.07$

    (8) $[OH^-]=\sqrt{\dfrac{K_{a(HCN)}(cK_{a(NH_4^+)}+K_w)}{c+K_{a(HCN)}}}=6.35\times10^{-10}$

        $pH=9.20$

    (9) $[OH^-]=\sqrt{K_{b_1}K_{b_2}}=\sqrt{\dfrac{K_w^2}{K_{a_1}K_{a_2}}}=\dfrac{1.0\times10^{-14}}{\sqrt{1.1\times10^{-3}\times3.9\times10^{-6}}}$

        $=\dfrac{1.0\times10^{-14}}{6.55\times10^{-5}}=1.5\times10^{-10}$

        $pOH=9.82$ $pH=4.18$

    (10) $[OH^-]=\sqrt{cK_{b_1}}=\sqrt{0.1\times1.0\times10^{-14}/1.2\times10^{-15}}=0.91$

        $pOH=0.04$ $pH=13.96$

    (11) $[H^+]=\sqrt{cK_{a_1}}=\sqrt{0.1\times4.5\times10^{-3}}=2.12\times10^{-2}$

        $pH=1.67$

18. 解:(1)
$$[H^+] = 10^{-4}\,mol \cdot L^{-1}$$

$$[NaC_2O_4] = \frac{\dfrac{250}{1000 \times 134}}{0.5} = 3.73 \times 10^{-3}\,mol \cdot L^{-1}$$

根据多元酸(碱)各型体的分布分数可直接计算得:
$$cK_{a_1} = 5.9 \times 10^{-2},\ cK_{a_2} = 6.4 \times 10^{-5}$$

$Na_2C_2O_4$ 在酸性水溶液中以三种形式分布即:$C_2O_4^{2-}$,$HC_2O_4^-$ 和 $H_2C_2O_4$。
其中

$$[H_2C_2O_4] = c\delta_{H_2C_2O_4} = 3.73 \times 10^{-3} \times \frac{[H^+]}{[H^+]^2 + [H^+]K_{a_1} + K_{a_1}K_{a_2}}$$

$$= 3.37 \times 10^{-3} \times \frac{10^{-8}}{9.686 \times 10^{-6}} = 3.73 \times 10^{-6}\,mol \cdot L^{-1}$$

$$[HC_2O_4^-] = c\delta_{HC_2O_4^-} = 3.73 \times 10^{-3} \times \frac{[H^+]K_{a_1}}{[H^+]^2 + [H^+]K_{a_1} + K_{a_1}K_{a_2}}$$

$$= 2.27 \times 10^{-3}\,mol \cdot L^{-1}$$

$$[C_2O_4^{2-}] = c\delta_{C_2O_4^{2-}} = 3.73 \times 10^{-3} \times \frac{K_{a_1}K_{a_2}}{[H^+]^2 + [H^+]K_{a_1} + K_{a_1}K_{a_2}}$$

$$= 1.41 \times 10^{-3}\,mol \cdot L^{-1}$$

(2) H_2S 的 $K_{a_1} = 5.7 \times 10^{-8}$,$K_{a_2} = 1.2 \times 10^{-15}$,
由多元酸(碱)各型体分布分数有

$$[H_2S] = c\delta_{H_2S} = 0.1 \times \frac{0.1^2}{0.1^2 + 0.1 \times 5.7 \times 10^{-8}} = 0.1\,mol \cdot L^{-1}$$

$$[HS] = c\delta_{HS^-} = 0.1 \times \frac{0.1 \times 5.7 \times 10^{-8}}{0.1^2 + 0.1 \times 5.7 \times 10^{-8}}$$

$$= 5.7 \times 10^{-8}\,mol \cdot L^{-1}$$

$$[S^{2-}] = c\delta_{S^{2-}} = 0.1 \times \frac{5.7 \times 10^{-8} \times 1.2 \times 10^{-15}}{0.1^2 + 0.1 \times 5.7 \times 10^{-8}}$$

$$= 6.84 \times 10^{-2}\,mol \cdot L^{-1}$$

19. 解:形成 $(CH_2)_6N_4$—HCl 缓冲溶液,计算知

$$c_{(CH_2)_6N_4} = \frac{n}{V} = \frac{\dfrac{20}{140}}{\dfrac{100}{1000}} = 1.43\,mol \cdot L^{-1}$$

$$c_{HCl} = \frac{V_1 c_{(CH_2)_6N_4}}{V} = \frac{12 \times 0.004}{0.1} = 0.48\,mol \cdot L^{-1}$$

故体系为 $(CH_2)_6N_4$—$(CH_2)_6N_4H^+$ 缓冲体系,$c_{(CH_2)_6N_4} = 0.95\,mol \cdot L^{-1}$,$c_{HCl} = 0.48\,mol \cdot L^{-1}$,则

$$pH = pK_a + \lg \frac{c_{(CH_2)_6N_4}}{c_{(CH_2)_6NH_4H^+}} = 5.12 + \lg \frac{0.95}{0.48} = 5.45$$

20. 解:由缓冲溶液计算公式

$$pH = pK_a + lg \frac{c_{NH_3}}{c_{NH_4^+}}, 得 10 = 9.26 + lg \frac{c_{NH_3}}{c_{NH_4^+}}$$

$$lg \frac{c_{NH_3}}{c_{NH_4^+}} = 0.74, \frac{c_{NH_3}}{c_{NH_4^+}} = 0.85mol$$

又

$$c_{NH_3} + c_{NH_4^+} = 1.0$$

则

$$c_{NH_3} = 0.15mol \quad c_{NH_4^+} = 0.85mol$$

即,需

$$NH_3 \cdot H_2O 为 0.85mol$$

则

$$\frac{0.85}{15} = 0.057L = 57mL$$

即

$$NH_4Cl 为 0.15mol \quad 0.15 \times 53.5 = 8.0g$$

21. 解:(1) 设需氨基乙酸 xg,由题意可知

$$\because \frac{m}{MV} = c$$

$$\therefore \frac{x}{75.07 \times 0.1000} = 0.10$$

$$x = 0.75g$$

(2) 因为氨基乙酸为两性物质,所以应加一元强酸 HCl,才能使溶液的 pH = 2.00。
设应加 ymL HCl

$$pH = pK_a + lg \frac{c_{A^-}}{c_{HA}}$$

$$2.00 = 2.35 + lg \frac{0.1 \times 0.1 - \frac{1.0y}{1000}}{1.0y}$$

$$y = 6.9mL$$

22. 解:(1) $c_{H_{Ac^-}} = \frac{100 \times 1 + 1 \times 6}{100 + 1} = \frac{106}{101}mol \cdot L^{-1}$

$$c_{Ac^-} = \frac{100 \times 1 - 1 \times 6}{100 + 1} = \frac{94}{106}mol \cdot L^{-1}$$

$$pH_2 = pK_a + log \frac{c_{Ac^-}}{c_{H_{Ac}}} = 4.69$$

$$pH_1 = pK_a + log \frac{c_{Ac^-}}{c_{H_{Ac}}} = 4.74$$

$$pH_1 - pH_2 = 0.05$$

(2) 设原[HAc^-]为 x,[$NaAc$]为 y。

则

$$pH_1 = pK_a + log \frac{y}{x} = 5.00$$

$$pH_2 = pK_a + log \frac{y + 1 \times 6}{x - 1 \times 6} = 5.10$$

得

$$x = 0.40mol \cdot L^{-1}$$

$$y = 0.72\,\text{mol} \cdot \text{L}^{-1}$$

23. 解:(1) $I = \dfrac{1}{2}([\text{HA}^-]Z_{\text{HA}^-}^2 + [\text{K}^+]Z_{\text{K}^+}^2)$

$$= \frac{1}{2}(0.034 \times 1^2 + 0.034 \times 1^2) = 0.034$$

$$\log r_{\text{A}^{2-}} = 0.50 \times 2^2 \left(\frac{\sqrt{0.034}}{1 + \sqrt{0.034}} - 0.30 \times 0.034 \right) = -0.29$$

$$\text{pH} = \frac{1}{2}(\text{p}K_{a_1}' + \text{p}K_{a_2}' + \log r_{\text{A}^{2-}})$$

$$= \frac{1}{2}(3.04 + 4.37 - 0.29) = 3.56$$

(2) 硼砂溶液中有如下酸碱平衡

$$\text{B}_4\text{O}_7^{2-} + 5\text{H}_2\text{O} = 2\text{H}_2\text{BO}_3^- + 2\text{H}_3\text{BO}_3$$

因此硼砂溶液为 H_3BO_3—H_2BO_3^- 缓冲体系。考虑离子强度影响:

$$\text{pH} = \text{p}K_{a_1}' + \log \frac{\alpha_{\text{H}_2\text{BO}_3^-}}{\alpha_{\text{H}_3\text{BO}_3}}$$

$K_{a_1} = 5.8 \times 10^{-9}$, $c_{\text{H}_3\text{BO}_3} = 0.020\ 0\,\text{mol} \cdot \text{L}^{-1}$, $c_{\text{H}_2\text{BO}_3^-} = 0.020\ 0\,\text{mol} \cdot \text{L}^{-1}$,

溶液中

$$I = \frac{1}{2}(c_{\text{Na}^+}Z_{\text{Na}^+}^2 + c_{\text{H}_3\text{BO}_3}Z_{\text{H}_2\text{BO}_3^-}^2)$$

$$= \frac{1}{2}(0.020 + 0.020) = 0.020$$

$$\log r_{\text{H}_2\text{BO}_3^-} = -0.50 \left(\frac{\sqrt{0.020}}{1 + \sqrt{0.020}} - 0.30 \times 0.020 \right) = -0.059$$

$$r_{\text{H}_2\text{BO}_3^-} = 0.873,\ \alpha_{\text{H}_2\text{BO}_3^-} = 0.873 \times 0.020\ 0\,(\text{mol} \cdot \text{L}^{-1})$$

$$r_{\text{H}_3\text{BO}_3} \approx 1,\ \alpha_{\text{H}_3\text{BO}_3} = 0.020\ 0\,(\text{mol} \cdot \text{L}^{-1})$$

则

$$\text{pH} = 9.24 + \log \frac{0.873 \times 0.020\ 0}{0.020\ 0} = 9.18$$

24. 解:(1) 由

$$\frac{1.250}{M} = 0.09 \times 0.041\ 2$$

得

$$M = 337.1\,\text{g/mol}$$

(2)

$$\text{pH} = \text{p}K_a + \log \frac{c_b}{c_a}$$

$$\text{p}K_a = \text{pH} - \log \frac{\dfrac{0.09 \times 8.24}{50 + 8.24}}{\dfrac{0.09 \times 41.2 - 0.09 \times 8.24}{50 + 8.24}} = 4.90$$

$$K_a = 1.3 \times 10^{-5}$$

$$\therefore cK_b \gg 20K_w,\ \frac{c}{K_b} > 400$$

$$\therefore \ [OH^-]=\sqrt{cK_2}=5.6\times10^{-6}$$

$$pH=pOH+14=8.75$$

故酚酞为指示剂。

25. 解:(1) 设苯甲酸的浓度为 x

则　　　　　　　　$25.00x=20.70\times0.100\,0$

得　　　　　　　　$x=0.082\,80\,mol\cdot L^{-1}$

(2) 当达计量点时,苯甲酸完全变为苯甲酸钠,酸度完全由苯甲酸根决定。

$$\frac{c}{K_b}>400,cK_b>20K_w$$

$$[OH^-]=\sqrt{cK_b}=0.258\,4\times10^{-5}\,mol\cdot L^{-1}$$

$$pOH=5.58$$

$$pH=8.42$$

(3) 酚酞为指示剂。

26. 解:(1) $\because \ cK_a>20K_w,\dfrac{c}{K_a}>400$

$$\therefore \ NH_4Cl\ 的[H^+]=\sqrt{cK_a}=0.529\times10^{-5}$$

$$pH=5.28$$

(2) $pH=pK_a+lg\dfrac{\dfrac{0.02\times0.1}{20+19.98}}{\dfrac{19.98\times0.1}{20+19.98}}=9.26-3.00=6.26$

$$pH=-lg\dfrac{0.02\times0.1}{40.02}=4.30$$

(3) $\because \ pH\in(4.30\sim6.26)$

$\therefore$ 甲基红为指示剂

27. 解:在计量点时,刚好反应

$$\therefore \ [H_3BO_3]=0.1\,mol\cdot L^{-1}$$

$$\because \ cK_{a_1}>25K_w,\dfrac{c}{K_{a_1}}>500,\sqrt{cK_{a_1}}>100K_{a_2}$$

$$\therefore \ [H^+]=\sqrt{cK_{a_1}}=\sqrt{0.1\times5.8\times10^{-10}}=0.76\times10^{-5}$$

$$pH=5.12$$

故溴甲酚绿为指示剂。

28. 解:(1) $H_2B\rightleftharpoons HB^-+H^+$　　则 $K_{a_1}=\dfrac{[H^+][HB^-]}{[H_2B]}$

当 $pH=1.5$ 时　　$\delta_{H_2B}\approx\delta_{HB^-}$　　则 $K_{a_1}=10^{-1.50}$

同理 $HB^-\rightleftharpoons B^{2-}+H^+$　　则 $K_{a_2}=\dfrac{[H^+][B^{2-}]}{[HB^-]}$

当 $pH=6.50$ 时　　$\delta_{HB^-}\approx\delta_{B^{2-}}$　　则 $K_{a_2}=10^{-6.50}$

(2) $cK_{a_1} = 10^{-8}$ 且 $\dfrac{K_{a_1}}{K_{a_2}} > 10^5$，所以可以用来分步滴定 H_2B。

(3) $[H^+] = \sqrt{\dfrac{K_{a_1}K_{a_2}c_{ep_1}}{c_{ep} + K_{a_1}}} = 7.827 \times 10^{-5}$：

则 $pH = 4.10$

二级电离 $[H^+] = \sqrt{\dfrac{K_{a_1}(cK_{a_2} - K_w)}{c_{ep_2}}} = 3.1 \times 10^{-10}$

则 $pH = 9.51$

(4) $\because pH \in (4.10 \sim 9.51)$

$\therefore$ 分别选用甲基橙和酚酞。

29. 解：(1) $E_t\% = \dfrac{10^{-5.5} - 10^{-8.5}}{0.05} \times 100\% = 0.006\%$

(2) 酚酞 $\qquad \alpha_{NH_3} = \dfrac{K_a}{[H^+] + K_a} = \dfrac{10^{-8.5}}{10^{-8.5} + 5.6 \times 10^{-10}} = 0.15$

$$E_t\% = \left(\dfrac{[H^+] - [OH^-]}{c_a^{ep}} - \alpha_{NH_3}\right) \times 100\%$$

$$= \left(-\dfrac{10^{-5.5}}{0.05} - 0.15\right) \times 100\% = -15\%$$

甲基橙 $\qquad \alpha_{NH_3} = \dfrac{K_a}{[H^+] + K_a} = 5.6 \times 10^{-6}$

30. 解：(1) $\because CK_b = 0.020\,00 \times \dfrac{1.0 \times 10^{-14}}{4.0 \times 10^{-6}} > 20K_w, \dfrac{c}{K_b} = \dfrac{0.020\,00}{\dfrac{1.0 \times 10^{-14}}{4.0 \times 10^{-6}}} > 400$

$\therefore [OH^-] = \sqrt{cK_b} = \sqrt{\dfrac{0.020\,00}{2} \times \dfrac{1.0 \times 10^{-14}}{4.0 \times 10^{-6}}} = 5.0 \times 10^{-6} mol \cdot L^{-1}$

$\therefore pOH = 5.30$,

$pH = pK_w - pOH = 14.00 - 5.30 = 8.70$

(2) $\alpha_{H_3BO_3} = \dfrac{[H^+]}{[H^+] + K_a} = 0.004\,988$

$\therefore E_t\% = -\left(\alpha_{H_3BO_3} - \dfrac{[OH^-]_{ep} + [H^+]_{ep}}{c_a^{ep}}\right) \times 100\% = 0.070\%$

(3) $pH = 8.70$ 时应变色，所以选择酚酞为指示剂。

31. 解：(1) 设每升碱液吸收 $x\,g$ CO_2

因为以酚酞为指示剂，所以 Na_2CO_3 被滴定为 $NaHCO_3$，则可知：

$$\left(c_{NaOH} - \dfrac{m_{CO_2}}{M_{CO_2}}\right) \times V_{NaOH} = c_{HCl}V_{HCl}$$

$$\left(0.102\,6 - \dfrac{x}{44}\right) \times 0.025\,00 = 0.1143 \times 0.022\,31$$

$$x = 0.026\,40 g \cdot L^{-1}$$

（2）$E_t = \dfrac{\text{过量的 NaOH 的物质的量}}{\text{总的 NaOH 的物质的量}}$

$$= \frac{0.102\ 6\times0.025-0.114\ 3\times0.022\ 31}{0.102\ 6\times0.025}\times100\%=0.60\%$$

$$E_t\% = \left(\frac{[H^+]-[OH^-]}{c_a^{ep}}-\alpha_{NH_3}\right)\times100\%=0.20\%$$

32. 解：（1）$\because cK_b>20K_w$，$\dfrac{c}{K_b}>400$

$\therefore [OH^-] = \sqrt{0.10\times\dfrac{K_w}{K_a}}=7.4\times10^{-6}\text{mol}\cdot\text{L}^{-1}$

pOH = 5.13

pH = 8.87

（2）$n_{HAc} = c_{HAc}^{ep}V_{HAc}^{ep}=c_{NaAc}^{ep}\delta_{HAc}^{ep}V_{HAc}^{ep}$

$$= \frac{0.20\times20.00}{40.00}\times\frac{1.0\times10^{-7}}{1.0\times10^{-7}+1.8\times10^{-5}}\times40.00\times10^{-3}$$

$$= 2.2\times10^{-5}\text{mol}$$

33. 解：根据 $5H_2O+Na_2B_4O_7\cdot H_2O+2HCl=4H_3BO_3+2NaCl+10H_2O$ 可得：

$$\omega_{Na_2B_4O_7\cdot H_2O} = \frac{\dfrac{c_{HCl}\cdot V_{HCl}}{2}\times M_{Na_2B_4O_7\cdot 10H_2O}}{m_{总}}\times100\%$$

$$= \frac{\dfrac{0.100\ 0\times0.020\ 00}{2}\times381.42}{0.601\ 0}\times100\%=63.46\%$$

$$\omega_{H_3BO_3} = \frac{\left(c_{HCl}-\dfrac{c_{HCl}V_{HCl}\times4}{2}\right)}{m_{总}}\times M_{H_3BO_3}\times100\%$$

$$= \frac{\left(0.200\ 0\times0.030\ 000-\dfrac{0.1000\times0.020\ 00\times4}{2}\right)}{0.601\ 0}\times61.83\times100\%=20.58\%$$

34. 解：由滴定过程可知，试样可能含有 $NaOH,NaHCO_3,Na_2CO_3$

$\because$ 31.40mL>2×13.30mL

$\therefore$ 试样中含有 $NaHCO_3,Na_2CO_3$

于是

$$c_{HCl} = \frac{T_{HCl/CaO}\times2\times1000}{M_{CaO}}=\frac{0.014\ 00\times2\times1000}{56.08}=0.499\ 3\text{mol}\cdot\text{L}^{-1}$$

用于滴定 $NaHCO_3$ 的量为：31.40mL-2×13.30mL=4.80mL

$$\omega\% = \frac{m_{总}-(c_{HCl}V_{HCl_1}M_{NaHCO_3}+c_{HCl}V_{HCl}M_{Na_2CO_3})}{m_{总}}\times100\%$$

$$= \frac{1.100-(0.499\ 3\times0.004\ 80\times84.01+0.499\ 3\times0.013\ 30\times105.99)}{1.100}\times100\%$$

$$= 17.71\%$$

35. 解:设 $NaOH$ 为 $x mol$，Na_2CO_3 为 $y mol$，

则
$$x+y = 0.04×0.15 = 0.006$$
$$40x+105.99 \quad y=0.375\,0$$

得
$$x = 0.004 \quad y = 0.002$$

故
$$V_{HCl} = \frac{0.002}{0.150\,0}×1000 = 13.33 mL$$

36. 解:
$$\frac{V_1}{V_2} = \frac{\dfrac{2m}{M_{NaOH}}}{\dfrac{m}{M_{Na_2CO_3}}} = \frac{\dfrac{2m}{40}}{\dfrac{m}{84.01}} = 4.20$$

37. 解:由题意得,混合液由 H_3PO_4 和 NaH_2PO_4 组成,设其体积分别为 $x mL$, $y mL$。

由
$$2V_1+V_2 = 48.36$$
$$V_1+V_2 = 33.72$$

得
$$V_1 = 14.64 mL$$
$$V_2 = 19.08 mL$$

故
$$c_1 = 1.000 \quad V_1 = 14.64 mmol$$
$$c_2 = 1.000 \quad V_2 = 19.08 mmol$$

38. 解:(1) 同样质量的磷酸盐试样,以甲基红作指示剂时,酸的用量 $n_{HCl} = 14.10×0.500\,0 = 7.050(mmol)$;以酚酞作指示剂时的碱用量,$n_{NaOH} = 3.000(mmol)$;$n_{HCl} > n_{NaOH}$。此处磷酸盐试样由可溶性 $H_2PO_4^-$ 与 HPO_4^{2-} 的钠盐或钾盐组成。

(2) 试样用酚酞或甲基橙作指示剂分别滴定时
$$P_2O_5 \Leftrightarrow 2H_2PO_4^- \Leftrightarrow 2HPO_4^{2-},$$

则试样中 P_2O_5 的含量为:

$$P_2O_5\% = \frac{\dfrac{1}{2}[(cV)_{HCl}+(cV)_{NaOH}]×10^{-3}×M_{P_2O_5}}{3.00}×100\%$$

$$= \frac{(7.050+3.000)×10^{-3}×141.95}{2×3.000}×100\% = 23.78\%$$

39. 解:
$$NH_3\% = \frac{2\left(V_{H_2SO_4}×c_{H_2SO_4} - \dfrac{c_{NaOH}V_{NaOH}}{2}\right)×M_{NH_3}}{m_S}$$

$$= \frac{2\left(0.056×0.25 - \dfrac{0.5×0.001\,56}{2}\right)×17.03}{1.000}×100\% = 46.36\%$$

40. 解:
$$c_{H_2SO_4} = \frac{T_{H_2SO_4/Na_2O}×1000}{M_{Na_2O}} = \frac{0.018\,60×1000}{62.00} = 0.300\,0 mol·L^{-1}$$

$$c_{NaOH} = \frac{T_{NaOH/KHP} \times 1000}{M_{KHP}} = \frac{0.126\,6 \times 1000}{204.22} = 0.619\,9\,mol \cdot L^{-1}$$

$$N\% = \frac{2\left(0.050\,00c_{H_2SO_4} - \dfrac{0.028\,80c_{NaOH}}{2}\right) \times 14.01}{2.000} \times 100\% = 8.509\%$$

蛋白质% = N% × 6.25 = 53.19%

41. 解:设试样中 HA 的质量分数为 A。

当 HA 被中和一半时溶液的 pH = 5.00,有:

$$pH = pK_a + \lg \frac{c_{A^-}}{c_{HA}}$$

∵

$$c_{A^-} = c_{HA}$$

∴ $pH = pK_a$　　　　即 $K_a = 10^{-5.00}$

设质量分数为 ω,当 HA 被中和至计量点时,可得:

$$c_{HA} = \frac{m \cdot W}{M \cdot V} = \frac{1.600\omega}{82.00 \times 0.060\,0} = 0.325\,2\omega\,mol \cdot L^{-1}$$

∵ $c_{HA}V_{HA} = c_{NaOH}V_{NaOH}$

∴ $V_{NaOH} = \dfrac{c_{HA}V_{HA}}{c_{NaOH}} = \dfrac{0.325\,2\omega \times 0.060\,0}{0.250\,0} = 0.078\,05W$

则

$$c_{A^-} = \frac{c_{HA}V_{HA}}{V_{HA} + V_{NaOH}} = \frac{0.325\,2\omega \times 0.060\,0}{0.060\,0 + 0.078\,05W}$$

$$[OH^-] = \sqrt{c_{A^-}K_b}$$

$$10^{-5.00} = \sqrt{\frac{0.325\,2\omega \times 0.060\,0}{0.060\,0 + 0.078\,05\omega} \times 10^{-9.00}}$$

$$\omega = 0.51$$

因为

$$cK_a > 20K_w \quad \frac{c}{K_a} > 400$$

故使用最简式计算是合理的。

42. 解:设过量的 NaOH 的浓度为 c,则此溶液的 PBE 为:

$$c + [H^+] + [HA] = [OH^-]$$

因此溶液显碱性,故上式可简化为: $c + [HA] = [OH^-]$

$$\frac{V_{NaOH} - V_{HA}}{V_{NaOH} + V_{HA}}c_{NaOH} + \frac{[H^+]c_{HA}^{ep}}{[H^+] + K_a} = \frac{K_w}{[H^+]}$$

$$\frac{20.02 - 20.00}{20.02 + 20.00} \times 0.100\,0 + \frac{[H^+] \times 0.100\,0/2}{[H^+] + 1.0 \times 10^{-7}} = \frac{K_w}{[H^+]}$$

解之:

$$[H^+] = 1.0 \times 10^{-10}\,mol \cdot L^{-1}$$

$$pH = 10.00$$

(李改茹)

第五章 非水溶液中的酸碱滴定法

复习要点

非水溶液中的酸碱滴定法是指在非水溶剂中进行的酸碱滴定法。非水溶剂主要指一些有机溶剂,以非水溶剂为介质,一方面可以增大药物的溶解度,另一方面可以提高药物的表观酸碱度,使酸碱反应能够进行完全,从而扩大了酸碱滴定分析法的应用范围。在操作方面,除溶剂较特殊外,具有一般滴定分析法的优点,如:准确、快速、简便等。

一、溶 剂

1. 分类

(1) 质子性溶剂:①中性溶剂:甲醇、乙醇等,常用于滴定较强的酸和碱;②酸性溶剂:冰醋酸等,常用于滴定弱碱性物质;③碱性溶剂:乙二胺、丁胺等,常用于滴定弱酸性物质。

(2) 非质子性溶剂:①非质子亲质子溶剂:丙酮;②惰性溶剂:苯。

2. 溶剂的性质

(1) 离解性:

溶剂固有酸常数

$$K_a^{SH} = \frac{[H^+][S^-]}{[SH]}$$

溶剂固有碱常数

$$K_b^{SH} = \frac{[SH_2^+]}{[SH][H^+]}$$

(2) 酸碱性:物质的酸碱性不仅与其本身的性质有关,而且与溶剂的性质有关。物质在溶剂 SH 中的表观离解常数可归纳为:① 弱酸溶于碱,酸性增强;② 弱碱溶于酸,碱性增强。

因此,为了滴定弱碱性的物质,常选用酸性溶剂;为了滴定弱酸性的物质,常选用碱性溶剂;为了滴定中等强度的酸碱性物质,常选用两性溶剂。

3. 均化效应和区分效应

(1) 均化效应(拉平效应):

1) 均化效应:能将酸或碱的强度调至溶剂合质子(或溶剂阴离子)强度水平的效应。

2) 均化性溶剂:具有均化效应的溶剂。

（2）区分效应：

1）区分效应：能区分酸碱强弱的效应。

2）区分性溶剂：能区分酸碱强弱的效应的溶剂。

讨论

a. 区分效应和拉平效应与溶质和溶剂的酸碱相对强度有关,溶剂的酸、碱性相对溶质的酸、碱性越强,区分效应就越强;溶剂的酸、碱性相对溶质的酸、碱性越弱,其均化效应就越强。

b. 在拉平溶剂中,惟一存在的最强酸是溶剂合质子——SH_2^+ 或 H_3O^+,惟一存在的最强碱是溶剂合阴离子——S^- 或 OH^-。

c. 酸性溶剂是溶质酸的区分性溶剂,是溶质碱的均化性溶剂;碱性溶剂是溶质碱的区分性溶剂,是溶质酸的均化性溶剂;非质子性溶剂是良好的区分性溶剂(无明显的质子授受现象,无均化效应)。

d. 利用均化效应——测混合酸(碱)的总含量;利用区分效应——测混合酸(碱)各组分的含量选择溶剂;滴定酸时——选择碱性溶剂或偶极亲质子性溶剂;滴定碱时——选择酸性溶剂或惰性溶剂。

二、非水碱量法(碱的滴定)

1. 溶剂 冰醋酸(注意:冰醋酸中少量水分用酸酐除去!)。

2. 标准溶液 高氯酸的冰醋酸溶液。邻苯二甲酸氢钾作为基准物标定,结晶紫作为指示剂(终点由紫色变为绿色)。

3. 指示剂

结晶紫:酸式色为黄色,碱式色为紫色。在非水溶液的酸碱滴定中,还用电位法指示滴定终点。

三、非水酸量法(酸的滴定)

1. 溶剂

（1）弱酸或极弱酸:用乙二胺、二甲基甲酰胺。

（2）中等强度的羧酸:用甲醇、乙醇。

（3）常用混合溶剂:甲醇-苯、甲醇-丙酮。

2. 标准溶液

甲醇钠的苯-甲醇溶液:无水甲醇和金属钠反应,无水苯稀释。以苯甲酸为基准物标定,百里酚蓝为指示剂(终点由黄色变为蓝色)。

强 化 训 练

一、单选题

1. 非水滴定中,下列物质宜选用酸性溶剂的是( )

    A. 醋酸钠　　　　B. 水杨酸　　　　C. 苯酚　　　　D. 苯甲酸　　　　E. 乳酸

2. 用非水滴定法测定下列物质,宜选用碱性溶剂的是( )

    A. 醋酸钠　　　　B. 吡啶　　　　C. 苯酚　　　　D. 乳酸钠　　　　E. 水杨酸钠

3. 下列结论不正确的是( )

    A. 苯甲酸在水溶液中酸性较弱　　　　　　B. 苯甲酸在乙二胺中可提高酸性

    C. 在水溶液中不能用氢氧化钠滴定苯甲酸　D. 在乙二胺中可用氨基乙醇钠滴定苯甲酸

    E. 冰醋酸是最常用的酸性溶剂

4. 区分 HCl,$HClO_4$,H_2SO_4,HNO_3 四种酸的强度大小,可采用下列哪种溶剂( )

    A. 水　　　　B. 吡啶　　　　C. 冰醋酸　　　　D. 乙醚　　　　E. 乙醇

5. 可将 HCl,$HClO_4$,H_2SO_4,HNO_3 四种酸度拉平到同一强度的溶剂是( )

    A. 苯　　　　B. 乙醚　　　　C. 冰醋酸　　　　D. 水　　　　E. 乙醇

6. HCl 和 HAc 的区分性溶剂是( )

    A. H_2SO_4　　　　B. $NH_3 \cdot H_2O$　　　　C. H_2O　　　　D. NH_4^+　　　　E. HNO_3

7. 非水滴定中,滴定弱酸性物质常用下列哪类溶剂( )

    A. 碱性溶剂　　　　B. 极性溶剂　　　　C. 酸性溶剂　　　　D. 非极性溶剂　　　　E. 有机溶剂

8. 用非水滴定法测定有机酸的碱金属盐时,应选用何种指示剂( )

    A. 甲基橙　　　　B. 酚酞　　　　C. 结晶紫　　　　D. 百里酚蓝　　　　E. 甲基蓝

9. 以冰醋酸为溶剂,用高氯酸标准溶液滴定碱时,最常用的指示剂为( )

    A. 酚酞　　　　B. 甲基红　　　　C. 结晶紫　　　　D. 偶氮紫　　　　E. 水

10. 在非水酸碱滴定中,常使用高氯酸的冰醋酸溶液。为了除去水分,需加入适量的( )

    A. 醋酸酐　　　　B. 无水氯化钙　　　　C. 乙酸汞　　　　D. 乙醚　　　　E. 活性炭

11. 下列溶剂属于非质子溶剂的是( )

    A. 冰醋酸　　　　B. 氯仿　　　　C. 乙二胺　　　　D. 吡啶　　　　E. 乙醇

12. 下列溶剂属于酸性溶剂的是( )

    A. 冰醋酸　　　　B. 氯仿　　　　C. 乙二胺　　　　D. 吡啶　　　　E. 乙醇

13. 下列溶剂属于碱性溶剂的是( )

    A. 冰醋酸　　　　B. 氯仿　　　　C. 乙二胺　　　　D. 丙酮　　　　E. 乙醇

14. 若要测定不同强度混合酸的总量应利用( )

    A. 均化效应　　　　B. 盐效应　　　　C. 区分效应　　　　D. 同离子效应　　　　E. 热效应

二、填空题

1. 非水酸碱滴定所用的标准溶液高氯酸是用 _____ 为基准物质进行标定的。

2. 在非水滴定中,通常采用 _____ 作为滴定碱的标准溶液。

3. 在非水滴定中,弱酸的滴定常采用_____溶剂。

4. 物质的酸碱性不仅取决于_____,而且取决于_____。

5. 为提高物质的酸性,常用_____溶剂;为提高物质的碱性,常用_____溶剂。

6. 酸性溶剂是弱碱的_____溶剂,是强酸的_____溶剂;碱性溶剂是弱酸的_____溶剂,强碱的_____溶剂。

三、判断题

1. 水是醋酸和盐酸的区分性溶剂。(　　　)

2. 一般情况下碱性溶剂是酸的区分性溶剂,碱的均化性溶剂。(　　　)

3. 非水滴定指所有的溶液都不含水的滴定分析。(　　　)

4. 在非水滴定中可利用均化效应测定混合酸中各组分的含量。(　　　)

5. 非水碱量法中,结晶紫指示剂的终点颜色为黄色。(　　　)

参考答案

一、单选题

1. A　　2. C　　3. C　　4. C　　5. D　　　6. C　　7. A　　8. C　　9. C　　10. A

11. B　12. A　13. C　14. C

二、填空题

1. 邻苯二甲酸氢钾　2. 高氯酸的冰醋酸酸溶液　3. 碱性　4. 物质的性质,溶剂的性质

5. 碱性,酸性　6. 均化,区分,均化,区分

三、判断题

1. √　2. ×　3. √　4. ×　5. ×

（李改茹）

⭐ 第六章 配位滴定法

复习要点

配位平衡

一、配位物的稳定常数

金属离子与 EDTA 配位的稳定常数 K_{MY}，M+Y=MY（省去电荷）。

K_{MY} 越大，配位物就越稳定。

二、副反应系数

主反应：被测离子 M 与滴定剂 Y 的配位反应。其余在溶液中进行的反应都为副反应。

1. 配位剂 Y 的副反应及副反应系数

配位剂的酸效应：由于 H^+ 存在使配位体参加主反应能力降低的现象。

酸效应系数：H^+ 引起副反应时的副反应系数称为酸效应系数。

共存离子效应：由于共存离子的存在引起的副反应称为共存离子效应。N+Y=NY。

共存离子效应系数：共存离子效应的副反应系数称为共存离子效应系数 $\alpha_{Y(N)}$，

$$\alpha_{Y(N)} = \frac{[Y']}{[Y]} = \frac{[Y]+[NY]}{[Y]} = 1+K_{NY}[N]$$

定义为当有多种共存离子 $N_1, N_2 \cdots N_n$ 存在时，Y 的总副反应系数（酸效应，一种共存离子）。

2. 金属离子 M 的副反应及副反应系数　配位剂 L（包括 OH^-）引起副反应时的副反应系数称为配位效应系数 $\alpha_{M(L)}$。

$$\alpha_{M(L)} = \frac{[M']}{[M]} = \frac{[M]+[ML]+[ML_2]+\cdots+[ML_n]}{[M]} = 1+\beta_1[L]+\beta_2[L]^2+\cdots+\beta_n[L]^n = 1+\sum_{i=1}^{n}\beta_i[L]^i$$

三、条件稳定常数

用条件稳定常熟 K'_{MY} 来表示主反应进行的程度

$$\lg K'_{MY} = \lg K_{MY} - \lg\alpha_M - \lg\alpha_Y + \lg\alpha_{MY}$$

讨论

（1）K'_{MY} 表示在有副反应的情况下，配位反应进行的程度。

（2）一定条件下，α_M，α_Y，α_{MY} 为定值，所以 K'_{MY} 也为常数，称为条件稳定常数。

（3）判断某配位反应是否进行彻底，要用 K'_{MY} 判断而不是 K_{MY} 判断。

（4）如果忽略 α_{MY}，则 $\lg K'_{MY}=\lg K_{MY}-\lg\alpha_M-\lg\alpha_Y$。

四、化学计量点

$pM_{SP}=1/2(\lg K_{MY}+pc_M^{SP})$，式中 c_M^{SP} 表示化学计量点时的浓度。

影响配位滴定 pM 突跃的因素主要因素是 K'_{MY} 和 c_M。

$$\lg K'_{MY}=\lg K_{MY}-\lg\alpha_M-\lg\alpha_Y$$

K'_{MY} 越大，pM′突跃就越大；pH 越小，$\alpha_{Y(H)}$ 越大，K'_{MY} 越小，使 pM′突跃变小；如缓冲剂或辅助配位剂与金属离子配位时，当缓冲剂浓度增大时，$\alpha_{M(L)}$ 增大，K'_{MY} 减小，pM′突越减小。

五、金属离子指示剂

1. 原理　在配位滴定中，通常利用一种能与金属离子生成有色配位物的显色剂来指示滴定过程中金属离子浓度的变化，这种显色剂称为金属离子指示剂（简称金属指示剂）。

滴定前：M+In=MIn 溶液颜色是金属离子 M 与 MIn 叠加色。

化学计量点时：MIn+Y=MY+In 溶液的颜色是 MY 与 In 的叠加色。

2. 金属离子指示剂应具备的条件

（1）显色配位物（MIn）与指示剂（In）的颜色应显著不同。

（2）显色反应灵敏、迅速，有良好的变色可逆性。

（3）显色配位物的稳定性要适当。

（4）金属离子指示剂应比较稳定，便于贮藏和使用。

（5）显色配位物应易溶于水。

六、终点误差-林邦终点误差公式

配位滴定终点误差公式与酸碱滴定的类似

$$E_t=\frac{[Y']_{ep}-[M']_{ep}}{c_M^{SP}}\times100\%$$

七、配位滴定的条件选择和控制

控制最高酸度的原因：酸度太高，Y 的酸效应太大，则条件稳定常数较小，pM′突跃小，终点误差大，因此，要控制酸度的上限值。

最高酸度为 $E_t = \dfrac{10^{\Delta pM'} - 10^{-\Delta pM'}}{\sqrt{K'_{MY} c_M^{SP}}} \times 100\%$，$K'_{MY}$ 的最小值 $(\lg K'_{MY})_{\min} = \lg K_{MY} - \lg \alpha_{Y(H)}$，$[\lg \alpha_{Y(H)}]_{\max}$

$= \lg K_{MY} - \lg K'_{MY}$ 查表最低酸度，最低酸度是防止生成沉淀 $M(OH)_n$ 沉淀，可由溶度积求得

$$[OH]^n[M] \leqslant K_{SP[M(OH)_n]}, \quad [OH] \leqslant \sqrt[n]{\dfrac{K_{SP[M(OH)_n]}}{[M]}}$$

提高配位滴定选择性的途径：滴定金属离子 M 时，当有共存离子 N 存在时，要求 $\lg(K_{MY} c_M^{SP})$ $- \lg(K_{NY} c_N^{SP}) \geqslant 5$。

如果 $\lg(K_{MY} c_M^{SP}) - \lg(K_{NY} c_N^{SP}) < 5$ 时，N 对 M 有干扰，要消除 N 的干扰，必须降低 $\lg(K_{NY} c_N^{SP})$，设法使其满足分别滴定判别式。

降低 $\lg(K_{NY} c_N^{SP})$ 的途径有：

(1) 降低 N 的游离浓度，可采用配位掩蔽法或沉淀掩蔽法。

(2) 通过改变 N 离子的价态，降低 K_{NY} 或者使 N 不与 Y 配位。

(3) 选择其他配位剂，使 $\Delta \lg(K_c) \geqslant 5$。

强 化 训 练

一、单选题

1. 在配位滴定中，计量点后，过量的 EDTA 不能夺取显色配合物 MIn 中的金属离子，不能释放出指示剂，从而观察不到颜色的变化，这种现象称为（　　　）

　A. 指示剂变质　　　　　　　　　B. 指示剂封闭　　　　　　　　C. 指示剂僵化

　D. 指示剂被氧化　　　　　　　　E. 指示剂被还原

2. 下列关于酸效应系数 $[\alpha_{Y(H)}]$ 叙述正确的是（　　　）

　A. $\alpha_{Y(H)}$ 随 pH 的增大而增大　　　　　　　B. $\alpha_{Y(H)}$ 随溶液酸度的增高而增大

　C. $\alpha_{Y(H)}$ 随溶液酸度的增高而减小　　　　　D. $\alpha_{Y(H)}$ 随 EDTA 浓度的增大而增大

　E. $\alpha_{Y(H)}$ 随 EDTA 浓度的增大而减小

3. 以 EDTA 为滴定剂，铬黑 T 为指示剂进行滴定时，不会对指示剂产生封闭作用的离子是（　　　）

　A. Al^{3+}　　　　　B. Fe^{3+}　　　　　C. Cu^{2+}　　　　　D. Ni^{2+}　　　　　E. Mg^{2+}

4. EDTA 在溶液中有（　　　）

　A. 1 种存在型体　　　　　　　　B. 5 种存在型体　　　　　　　C. 7 种存在型体

　D. 6 种存在型体　　　　　　　　E. 2 种存在型体

5. 配位滴定中用铬黑 T 作指示剂时，终点颜色变化为（　　　）

　A. 紫红→蓝色　　　　　　　　　B. 蓝色→紫红　　　　　　　　C. 无色→蓝色

　D. 无色→紫红　　　　　　　　　E. 橙色→蓝色

6. 对 EDTA 滴定法中所用的金属离子指示剂，要求它与被测离子形成的配合物条件稳定常数 K'_{MIn}（　　　）

　A. $> K'_{MY}$　　　　　　　　　B. $< K'_{MY}$　　　　　　　　　C. $= K'_{MY}$

　D. $\geqslant 10^8$　　　　　　　　　E. $\leqslant 10^6$

7. 采用配位滴定法测定样品中 Al_2O_3 ($M = 101.96 g/mol$) 的含量, 消耗 EDTA 标准溶液 ($0.100\ 0\ mol \cdot L^{-1}$)30.00mL, 则 Al_2O_3 的毫克数为(　　)

　　A. 30.00×0.100 0×101.96 　　　　　　B. (30.00×0.100 0×101.96)/2

　　C. (30.00×0.100 0×101.96)/2000 　　D. (30.00×0.100 0×101.96)×2

　　E. (30.00×0.100 0×101.96)×2000

8. 在配位滴定法中, 条件稳定常数越大, 其滴定突跃范围(　　)

　　A. 越大　　　　　　　　B. 越小　　　　　　　　C. 不受影响

　　D. 不确定　　　　　　　E. 先变大后变小

9. EDTA 与钙离子形成配合物的比例是(　　)

　　A. 1:1　　　B. 1:2　　　C. 2:1　　　D. 3:1　　　E. 1:3

10. 标定 EDTA 标准溶液常用的基准物是(　　)

　　A. 无水碳酸钠　　　　　　B. 氧化锌　　　　　　C. 氯化钠

　　D. 氨基苯磺酸　　　　　　E. KHP

11. 在 pH 为 13 的水溶液中, EDTA 存在的主要形式是(　　)

　　A. H_3Y^-　　　B. H_2Y^{2-}　　　C. HY^{3-}　　　D. Y^{4-}　　　E. H^+

12. 在 EDTA 络合滴定中, 下列有关酸效应的叙述, 何者是正确的? (　　)

　　A. 酸效应系数愈大, 络合物的稳定性愈大

　　B. pH 值愈大, 酸效应系数愈大

　　C. 酸效应曲线表示的是各金属离子能够准确滴定的最高 pH 值

　　D. 酸效应系数愈大, 络合滴定曲线的 pM 突跃范围愈大

　　E. 以上都不对

13. 以 EDTA 为滴定剂, 下列叙述中哪一种是错误的? (　　)

　　A. 在酸度较高的溶液中, 可形成 MHY 配合物

　　B. 在碱性较高的溶液中, 可形成 MOHY 配合物

　　C. 不论形成 MHY 或 MOHY, 均有利于滴定反应

　　D. 不论溶液 pH 值大小, 只形成 MY 一种形式配合物

　　E. EDTA 一般与金属离子形成 1:1型化合物

14. 在 pH=12 时, 以 $0.010\ 0 mol \cdot L^{-1}$ EDTA 滴定 $20.00 mol \cdot L^{-1}\ Ca^{2+}$。等当点时的 pCa 值为 (　　)

　　A. 5.3　　　B. 6.6　　　C. 8.0　　　D. 2.0　　　E. 4.0

15. 在 pH=5.7 时, EDTA 存在的形式为(　　)

　　A. H_6Y^{2+}　　　B. H_3Y^-　　　C. H_2Y^{2-}　　　D. Y^{4-}　　　E. HY^{5-}

16. 为了测定水中 Ca^{2+}, Mg^{2+} 的含量, 以下消除少量 Fe^{3+}, Al^{3+} 干扰的方法中, 哪一种是正确的? (　　)

　　A. 于 pH =10 的氨性溶液中直接加入三乙醇胺

　　B. 于酸性溶液中加入 KCN, 然后调至 pH =10

　　C. 于酸性溶液中加入三乙醇胺, 然后调至 pH =10 的氨性溶液

　　D. 加入三乙醇胺时, 不需要考虑溶液的酸碱性

17. EDTA 与 Zn^{2+} 形成的配合物在 pH = 10 时的条件下稳定常数 $\lg K'_{ZnY}$ 等于(　　)

    A. 16.50   B. 0.45   C. 16.05   D. 16.95   E. 16.80

二、填空题

1. EDTA 是一种氨羧络合剂,名称_____,用符号_____表示,其结构式为_____。配制标准溶液时一般采用 EDTA 二钠盐,分子式为_____,其水溶液 pH 为_____,可通过公式_____进行计算,标准溶液常用浓度为_____。

2. 一般情况下水溶液中的 EDTA 总是以_____等_____型体存在,其中以_____与金属离子形成的络合物最稳定,但仅在_____时 EDTA 才主要以此种型体存在。除个别金属离子外。EDTA 与金属离子形成络合物时,络合比都是_____。

3. K'_{MY} 称_____,它表示_____络合反应进行的程度,其计算式为_____。

4. 络合滴定曲线滴定突跃的大小取决于_____。在金属离子浓度一定的条件下,_____越大,突跃_____;在条件常数 K'_{MY} 一定时,_____越大,突跃_____。

5. 在 $[H^+]$ 一定时,EDTA 酸效应系数的计算公式为_____。

三、简答题

1. Cu^{2+},Zn^{2+},Cd^{2+},Ni^{2+} 等离子均能与 NH_3 形成络合物,为什么不能以稀氨溶液为滴定剂用络合滴定法来测定这些离子?

2. 不经具体计算,如何通过络合物 ML_n 的各 β_i 值和络合剂的浓度 $[L]$ 来估计溶液中络合物的主要存在型体?

3. 已知乙酰丙酮(L)与 Al^{3+} 络合物的累积常数 $\lg \beta_1 \sim \lg \beta_3$ 分别为 8.6,15.5 和 21.3,AlL_3 为主要型体时的 pL 范围是多少? $[AlL]$ 与 $[AlL_2]$ 相等时的 pL 为多少? pL 为 10.0 时铝的主要型体又是什么?

4. 铬蓝黑 R(EBR)指示剂的 H_2In^{2-} 是红色,HIn^{2-} 是蓝色,In^{3-} 是橙色。它的 $pK_{a_2} = 7.3$,$pK_{a_3} = 13.5$。它与金属离子形成的络合物 MIn 是红色。试问指示剂在不同的 pH 的范围各呈什么颜色? 变化点的 pH 是多少? 它在什么 pH 范围内能用作金属离子指示剂?

5. 用 NaOH 标准溶液滴定 $FeCl_3$ 溶液中游离的 HCl 时,Fe^{3+} 将如何干扰? 加入下列哪一种化合物可以消除干扰? EDTA,Ca-EDTA,枸橼酸三钠,三乙醇胺。

6. 用 EDTA 滴定 Ca^{2+},Mg^{2+} 时,可以用三乙醇胺、KCN 掩蔽 Fe^{3+},但不使用盐酸羟胺和抗坏血酸;在 pH = 1 时滴定 Bi^{3+},可采用盐酸羟胺或抗坏血酸掩蔽 Fe^{3+},而三乙醇胺和 KCN 都不能使用,这是为什么? 已知 KCN 严禁在 pH<6 的溶液中使用,为什么?

7. 用 EDTA 连续滴定 Fe^{3+},Al^{3+} 时,可以在下述哪个条件下进行?

    (a) pH = 2 滴定 Al^{3+},pH = 4 滴定 Fe^{3+}。

    (b) pH = 1 滴定 Fe^{3+},pH = 4 滴定 Al^{3+}。

    (c) pH = 2 滴定 Fe^{3+},pH = 4 返滴定 Al^{3+}。

    (d) pH = 2 滴定 Fe^{3+},pH = 4 间接法测 Al^{3+}。

8. 如何检验水中是否含有金属离子? 如何判断它们是 Ca^{2+},Mg^{2+},还是 Al^{3+},Fe^{3+},Cu^{2+}?

9. 若配制 EDTA 溶液的水中含 Ca^{2+},判断下列情况对测定结果的影响:

（1）以 $CaCO_3$ 为基准物质标定 EDTA，并用 EDTA 滴定试液中的 Zn^{2+}，二甲酚橙为指示剂。

（2）以金属锌为基准物质，二甲酚橙为指示剂标定 EDTA，用 EDTA 测定试液中的 Ca^{2+}，Mg^{2+} 合量。

（3）以 $CaCO_3$ 为基准物质，络黑 T 为指示剂标定 EDTA，用以测定试液中 Ca^{2+}，Mg^{2+} 含量。

并以此例说明络合滴定中为什么标定和测定的条件要尽可能一致。

四、计算题

1. 若配制试样溶液的蒸馏水中含有少量 Ca^{2+}，在 $pH=5.5$ 或在 $pH=10$（氨性缓冲溶液）滴定 Zn^{2+}，所消耗 EDTA 的体积是否相同？哪种情况产生的误差大？

2. 在含有 Ni^{2+}-NH_3 络合物的溶液中，若 $Ni(NH_3)_4^{2+}$ 的浓度 10 倍于 $Ni(NH_3)_3^{2+}$ 的浓度，则此体系中游离氨的浓度 $[NH_3]$ 等于多少？

3. 今有 100mL $0.010mol \cdot L^{-1}$ Zn^{2+} 溶液，欲使其中 Zn^{2+} 浓度降至 10^{-9} $mol \cdot L^{-1}$，需向溶液中加入固体 KCN 多少克？已知 Zn^{2+}-CN^- 络合物的累积形成常数 $\beta_4 = 10^{16.7}$，$M_{KCN} = 65.12g \cdot mol^{-1}$。

4. 计算在 $pH=1.0$ 时草酸根的 $\lg\alpha_{C_2O_4^{2-}(H)}$ 值。

5. 若溶液的 $pH=11.00$，游离 CN^- 浓度为 $1.0\times10^{-2} mol \cdot L^{-1}$，计算 HgY 络合物的 $\log K'_{HgY}$ 值。已知 Hg^{2+}-CN^- 络合物的逐级形成常数 $\log K_1 \sim \log K_4$ 分别为：18.00，16.70，3.83 和 2.98。

6. 若将 $0.020mol \cdot L^{-1}$ EDTA 与 $0.010mol \cdot L^{-1}$ $Mg(NO_3)_2$（两者体积相等）相混合，则在 $pH=9.0$ 时溶液中游离 Mg^{2+} 的浓度是多少？

7. 在 $pH=2.0$ 时，用 20.00 mL $0.020\,00mol \cdot L^{-1}$ EDTA 标准溶液滴定 20.00 mL 2.0×10^{-2} $mol \cdot L^{-1}$ Fe^{3+}。当 EDTA 加入 19.98mL，20.00 mL 和 40.00 mL 时，溶液中 $pFe(Ⅲ)$ 如何变化？

8. 在一定条件下，用 $0.010\,00mol \cdot L^{-1}$ EDTA 滴定 20.00 mL，$1.0\times10^{-2}mol \cdot L^{-1}$ 金属离子 M。已知此时反应是完全的，在加入 19.98～20.02mL 时的 pM 值改变 1 个单位，计算 MY 络合物的 K'_{MY}。

9. 铬蓝黑 R 的酸解离常数 $K_{a_1} = 10^{-7.3}$，$K_{a_2} = 10^{-13.5}$，它与镁络合物的稳定常数 $K_{MgIn} = 10^{7.6}$。
（1）计算 $pH=10.0$ 时的 pMg_t；（2）以 $0.020\,00mol \cdot L^{-1}$ EDTA 滴定 $2.0\times10^{-2} mol \cdot L^{-1}$ Mg^{2+}，计算终点误差；（3）选择哪种指示剂更为合适？

10. 溶液中有 Al^{3+}，Mg^{2+}，Zn^{2+} 三种离子（浓度均为 2.0×10^{-2} $mol \cdot L^{-1}$），加入 NH_4F 使在终点时的氟离子的浓度 $[F^-] = 0.01mol \cdot L^{-1}$。问能否在 $pH=5.0$ 时选择滴定 Zn^{2+}。

11. 溶解 4.013g 含有镓和铟化合物的试样并稀释至 100.0 mL。移取 10.00mL 该试样调节至合适的酸度后，以 $0.010\,36$ $mol \cdot L^{-1}$ EDTA 滴定之，用去 36.32mL。另取等体积试样用去 $0.011\,42mol \cdot L^{-1}$ TTHA（三亚乙基四胺六乙酸）18.43 mL 滴定至终点。计算试样中镓和铟的质量分数。已知镓和铟分别与 TTHA 形成 2∶1（Ga_2L）和 1∶1（InL）络合物。

12. 有一矿泉水试样 250.0mL，其中 K^+ 用下述反应沉淀：

$$K^+ + (C_6H_5)_5B^- = KB(C_6H_5)_4 \downarrow$$

沉淀经过滤、洗涤后溶于一种有机溶剂中，然后加入过量的 HgY^{2-}，则发生如下反应：

$$4HgY^{2-}+(C_6H_5)_4B^-+4H_2O=H_3BO_3+4C_6H_5Hg^++HY^{3-}+OH^-$$

释出的 EDTA 需 29.64mL0.055 80moL·L^{-1}Mg^{2+}溶液滴定至终点,计算矿泉水中 K$^+$的浓度,用 mg·L^{-1}表示。

13. 称取 0.500 0g 煤试样,熔融并使其中硫完全氧化成 SO$_4^{2-}$。溶解并除去重金属离子后,加入 0.050 00moL·L^{-1}BaCl$_2$ 20.00mL,使生成 BaSO$_4$ 沉淀。过量的 Ba^{2+}用 0.025 00 mol·L^{-1}EDTA 滴定,用去 20.00mL。计算试样中硫的质量分数。

14. 称取含 Fe$_2$O$_3$ 和 Al$_2$O$_3$ 的试样 0.200 0g,将其溶解,在 pH=2.0 的热溶液中(50℃左右),以磺基水杨酸为指示剂,用 0.020 00mol·L^{-1}EDTA 标准溶液滴定试样中的 Fe^{3+},用去 18.16mL,然后将试样调至 pH=3.5,加入上述 EDTA 标准溶液 25.00mL,并加热煮沸。再调试液 pH=4.5,以 PAN 为指示剂,趁热用 CuSO$_4$标准溶液(每毫升含 CuSO$_4$·5H$_2$O 0.005 000g)返滴定,用去 8.12mL。计算试样中 Fe$_2$O$_3$ 和 Al$_2$O$_3$ 的质量分数。

参 考 答 案

一、单选题

1. B　　2. B　　3. E　　4. C　　5. A　　6. B　　7. C　　8. A　　9. A　　10. B
11. D　　12. C　　13. D　　14. A　　15. B　　16. C　　17. A

二、填空题

1. 乙二胺四乙酸,H$_4$Y,

$$\begin{array}{ccc} HOOCCH_2 & & CH_2COO^- \\ \diagdown & & \diagup \\ HN^+-CH_2CH_2-N^+H & & \\ \diagup & & \diagdown \\ {}^-OOCCH_2 & & CH_2COOH \end{array}$$

Na$_2$H$_2$Y·2H$_2$O-4,4 ,[H$^+$]=$\sqrt{K_{a_4}\cdot K_{a_5}}$,0.01mol·L^{-1}。

2. H$_6$Y^{2+},H$_5$Y$^+$,H$_4$Y,H$_3$Y$^-$,H$_2$Y^{2-},HY^{3-}和 Y^{4-};七种;Y^{4-};pH>10,1:1。

3. 条件形成常数,一定条件下,lgK'_{MY}=lgK_{MY}-lgα_M-lgα_Y。

4. 金属离子的分析浓度 c_M 和络合物的条件形成常数 K'_{MY},K'_{MY}值,也越大;c_M,也越大。

5. $\alpha_{Y(H)}=\dfrac{[Y']}{[Y]}=\dfrac{[Y]+[HY]+[H_2Y]+\cdots+[H_6Y]}{[Y]}=\dfrac{1}{\delta_Y}$。

三、简答题

1. 答:由于多数金属离子的配位数为四和六。Cu^{2+},Zn^{2+},Cd^{2+},Ni^{2+}等离子均能与 NH$_3$形成络合物,络合速度慢,且络合比较复杂,以稀氨溶液为滴定剂滴定反应进行的完全程度不高。不能按照确定的化学计量关系定量完成,无法准确判断滴定终点。

2. 答:各型体分布分数为:

$$\delta_0=\delta_M=\dfrac{[M]}{c_M}=\dfrac{1}{1+\beta_1[L]+\beta_2[L]^2+\cdots+\beta_n[L]^n}$$

$$\delta_1 = \delta_{ML} = \frac{[ML]}{c_M} = \frac{\beta_1[L]}{1+\beta_1[L]+\beta_2[L]^2+\cdots+\beta_n[L]^n} = \delta_0\beta_1[L]$$

$$\cdots$$

$$\delta_n = \frac{[ML_n]}{c_M} = \frac{\beta_n[L]^n}{1+\beta_1[L]+\beta_2[L]^2+\cdots+\beta_n[L]^n} = \delta_0\beta_n[L]^n$$

再由 $[ML_i] = \delta_i c_M$ 得,溶液中络合物的主要存在型体由 δ_i 决定。故只要那个 $\beta_i[L]^i$ 越大,就以配位数为 i 的型体存在。

3. 解:由 $\quad \beta_1 = K_1 = \dfrac{[ML]}{[M][L]}, \beta_2 = K_1K_2 = \dfrac{[ML_2]}{[M][L]^2}, \beta_3 = K_1K_2K_3 = \dfrac{[ML_3]}{[M][L]^3}$

由于相邻两级络合物分布曲线的交点处有 $pL = \lg K_i$

(1) AlL_3 为主要型体时 $pL = \lg K_3, \lg K_3 = \lg \beta_3 - \lg \beta_2 = 5.8$

所以在 $pL < 5.8$ 时,AlL_3 为主要型体。

(2) $[AlL] = [AlL_2]$ 时,$pL = \lg K_2 = \lg \beta_2 - \lg \beta_1 = 6.9$

(3) $pL = \lg \beta_1 = \lg K_1 = 8.6, pL = 10.0 > pL = 8.6$

$\therefore Al^{3+}$ 为主要型体。

4. 解:由题 $H_2In \xrightleftharpoons[\quad]{pK_{a_2}=7.3} HIn^{2-} \xrightleftharpoons[\quad]{pK_{a_3}=13.5} In^{3-}$

（红色）　　　（蓝色）　　　　（橙色）

$pK_{a_2} = 7.3, pK_{a_3} = 13.5$

(1) $pH < 6.3$ 时呈红色,$pH = 8.3 \sim 12.5$ 时呈蓝色,$pH > 14.5$ 时呈橙色。

(2) 第一变色点的 $pH = 7.3$;第二变色点的 $pH = 13.5$。

(3) 铬蓝黑 R 与金属离子形成红色的络合物,适宜的酸度范围在 $pH = 9 \sim 12$ 之间。

5. 解:由于 Fe^{3+} 和 NaOH 溶液生成 $Fe(OH)_3$ 沉淀,故可以用 EDTA 消除干扰,EDTA 和 Fe^{3+} 形成络合物,稳定性大,减少了溶液中的游离的 Fe^{3+}。

6. 答:由于用 EDTA 滴定 Ca^{2+}, Mg^{2+} 时,$pH = 10$,用三乙醇胺和 KCN 来消除,若使用盐酸羟胺和抗坏血酸(维生素 C),则会降低 pH 值,影响 Ca^{2+}, Mg^{2+} 的测定;三乙醇胺是在溶液呈微酸性时来掩蔽 Fe^{3+},如果 pH 降低,则达不到掩蔽的目的;$pH < 6$ 的溶液中,KCN 会形成弱酸 HCN(剧毒性物质),难以电离出 CN^- 来掩蔽 Fe^{3+}。所以在 $pH < 6$ 溶液中严禁使用。

7. 解:可以在(c)的条件下进行。调节 $pH = 2 \sim 2.5$,用 EDTA 先滴定 Fe^{3+},此时 Al^{3+} 不干扰。然后,调节溶液的 $pH = 4.0 \sim 4.2$,再继续滴定 Al^{3+}。由于 Al^{3+} 与 EDTA 的配位反应速度缓慢,加入过量 EDTA,然后用标准溶液 Zn^{2+} 回滴过量的 EDTA。

8. 答:由于 $Ca^{2+}, Mg^{2+}, Al^{3+}, Fe^{3+}, Cu^{2+}$ 都为有色的金属离子,在溶液中加入 EDTA 则形成颜色更深的络合物。可以检验水中含有的金属离子。在 $pH = 10$ 时,加入 EBT,则 Ca^{2+}, Mg^{2+} 形成红色的络合物;CuY^{2-} 为深蓝色,FeY^- 为黄色,可分别判断是 Fe^{3+}, Cu^{2+}。

9. 答:(1) 由于 EDTA 水溶液中含有 Ca^{2+}, Ca^{2+} 与 EDTA 形成络合物,标定出来的 EDTA 浓度偏低,用 EDTA 滴定试液中的 Zn^{2+},则 Zn^{2+} 浓度偏低。

(2) 由于 EDTA 水溶液中含有 Ca^{2+},部分 Ca^{2+} 与 EDTA 形成络合物,标定出来的 EDTA 浓度偏低,用 EDTA 滴定试液中的 Ca^{2+}, Mg^{2+},则含量偏低。

（3）用 $CaCO_3$ 为基准物质标定 EDTA ,则 $CaCO_3$ 中的 Ca^{2+} 被 EDTA 夺取,还有水中的 Ca^{2+} 都与 EDTA 形成络合物,标定出来的 EDTA 浓度偏差,标定试液中 Ca^{2+} , Mg^{2+} 含量偏低。

四、计算题

1. 解:在 pH = 5.5 时

$$lgK'_{ZnY} = lgK_{ZnY} - lg\alpha_{Zn} - lg\alpha_{Y(H)} = 16.50 - 5.1 - 1.04 = 10.36$$

在 pH = 10(氨性缓冲溶液)滴定 Zn^{2+} ,由于溶液中部分游离的 NH_3 与 Zn^{2+} 络合,致使滴定 Zn^{2+} 不完全,消耗 EDTA 的量少,偏差大。

2. 解:$Ni(NH_3)_6^{2+}$ 配离子的 $lg\beta_1 \sim lg\beta_6$ 分别为:$2.80;5.04;6.77;7.96;8.71;8.74$。

得 $\beta_1 \sim \beta_6$ 分别为

$$\beta_1 = 6.31 \times 10^2 \quad \beta_2 = 1.09 \times 10^5 \quad \beta_3 = 5.89 \times 10^6$$

$$\beta_4 = 9.12 \times 10^7 \quad \beta_5 = 5.13 \times 10^8 \quad \beta_6 = 5.50 \times 10^8$$

因

$$\alpha_{Ni(NH_3)_3^{2+}} = \beta_3 [NH_3]^3 \alpha_{Ni^{2+}} \tag{1}$$

$$\alpha_{Ni(NH_3)_4^{2+}} = \beta_3 [NH_3]^4 \alpha_{Ni^{2+}} \tag{2}$$

$$[Ni(NH_3)_3^{2+}] = \frac{c_{Ni^{2+}}}{\alpha_{Ni(NH_3)_3^{2+}}} \tag{3}$$

$$[Ni(NH_3)_4^{2+}] = \frac{c_{Ni^{2+}}}{\alpha_{Ni(NH_3)_4^{2+}}} \tag{4}$$

由式(1)和(3)得

$$[Ni(NH_3)_3^{2+}] = \frac{c_{Ni^{2+}}}{\beta_3 [NH_3]^3 \cdot \alpha_{Ni^{2+}}} \tag{5}$$

由(2)和(4)得

$$[Ni(NH_3)_4^{2+}] = \frac{c_{Ni^{2+}}}{\beta_4 [NH_3]^4 \cdot \alpha_{Ni^{2+}}} \tag{6}$$

根据式(5)和(6)并由题意得

$$[Ni(NH_3)_3^{2+}] / [Ni(NH_3)_4^{2+}] = \beta_4 [NH_3] / \beta_3 = 10$$

$$[NH_3] = 10\beta_3 / \beta_4 = 10 \times 5.89 \times 10^6 / 9.12 \times 10^7 \approx 0.646 mol \cdot L^{-1}$$

3. 解:由题 Zn^{2+} 的分析浓度 $c_{Zn^{2+}} = 0.010 mol \cdot L^{-1}$

平衡浓度 $[Zn^{2+}] = 10^{-9} mol \cdot L^{-1}$

设需向溶液中加入固体 KCN

$$则 [CN^-] = \frac{x}{65.12 \times 0.1} mol \cdot L^{-1}$$

$[Zn^{2+}] = \delta_0 c_{Zn^{2+}} = \delta_0 \cdot 10^{-2} = 10^{-9} \quad \delta_0 = 10^{-7}$

Zn^{2+} 与 CN 一次络合,则 $[Zn(CN)_4^{2-}] = c_{Zn^{2+}} = 0.010 mol \cdot L^{-1}$

$$\beta_4 = \frac{[Zn(CN)_4^{2-}]}{[Zn^{2+}][CN^-]^4} = 10^{16.7}$$

则

$$[CN^-]^4 = \frac{[Zn(CN)_4^{2-}]}{[Zn^{2+}] \cdot 10^{16.7}} = \frac{10^{-2}}{10^{-9} \cdot 10^{16.7}} = 10^{-9.7}$$

$$[CN^-] = 3.76 \times 10^{-3} mol \cdot L^{-1} \quad c_{CN^-} = 0.010 \times 4 + 3.76 \times 10^{-3} = 4.4 \times 10^{-2} mol \cdot L^{-1}$$

$$x = c_{CN^-} \times 65.12 \times 0.100 = 0.29g$$

4. 解:查得 $K_{a_1} = 5.9 \times 10^{-2}, K_{a_2} = 6.4 \times 10^{-5}$

$$\alpha_{C_2O_4^{2-}} = \frac{1}{\delta_{C_2O_4^{2-}}} = \frac{1}{\dfrac{K_{a_1}K_{a_2}}{[H^+]^2 + [H^+]K_{a_1} + K_{a_1}K_{a_2}}}$$

根据公式

$$= \frac{1}{\dfrac{5.9 \times 10^{-2} \times 6.4 \times 10^{-5}}{0.1^2 + 0.1 \times 5.9 \times 10^{-2} + 5.9 \times 10^{-2} \times 6.4 \times 10^{-5}}}$$

$$= 4.1 \times 10^3$$

则

$$\lg\alpha_{C_2O_4^{2-}(H)} = \lg 4.1 \times 10^3 = 3.61$$

5. 解:根据 $Hg(CN)_4^{2-}$ 配离子的各级 $\lg K$ 值求得, $Hg(CN)_4^{2-}$ 配离子的各级积累形成常数分别为:

$$\beta_1 = K_1 = 10^{18} \quad , \quad \beta_2 = K_1 \cdot K_2 = 5.01 \times 10^{34}$$

$$\beta_3 = K_1 \cdot K_2 \cdot K_3 = 340 \times 10^{38} \quad , \quad \beta_4 = K_1 \cdot K_2 \cdot K_3 \cdot K_4 = 3.20 \times 10^{41}$$

根据公式

$$\alpha_{Hg(CN)} = \frac{1}{1 + \beta_1[CN] + \beta_2[CN]^2 + \beta_3[CN]^3 + \beta_4[CN]^4}$$

$$= \frac{1}{1 + 10^{18}(10^{-2}) + 5.01 \times 10^{34} \times (10^{-2})^2 + 3.40 \times 10^{38} \times (10^{-2})^3 + 3.20 \times 10^{41} \times (10^{-2})^4}$$

$$= 2.79 \times 10^{-34}$$

故 $p\alpha_{Hg(CN)} = 33.55$

得当 pH = 11.0 时, $p\alpha_{Y(H)} = 0.07$　将 $p\alpha_{Hg(CN)} = 33.55$ 和 $p\alpha_{Y(H)} = 0.07$ 值及 $\lg K_{HgY^{2-}} = 21.8$
值代入公式

$$\lg K'_{HgY^{2-}} = \lg K_{HgY^{2-}} - p\alpha_{M(L)} - p\alpha_{Y(H)}$$

$$= 21.8 - 33.55 - 0.07$$

$$= -11.82$$

6. 解:当 EDTA 溶液与 Mg^{2+} 溶液等体积混合之后,EDTA 和 Mg^{2+} 的浓度分别为:

$$c_{EDTA} = \frac{0.02}{2} = 0.01 mol \cdot L^{-1} \quad c_{Mg^{2+}} = \frac{0.01}{2} = 0.005 mol \cdot L^{-1}$$

查表得,当溶液 pH = 9.0 时, $\lg\alpha_{Y(H)} = 1.28$
再由表得, $\lg K_{MgY^{2-}} = 8.7$
故由

$$\lg K'_{MgY^{2-}} = \lg K_{MgY^{2-}} - p\alpha_{Y(H)}$$

$$= 8.7 - 1.28$$

$$= 7.42$$

故 $$K'_{MgY^{2-}} = 2.63 \times 10^7$$

当 EDTA 与 Mg^{2+} 混合后,发生如下配位反应

$$Mg^{2+} + Y^{4-} = MgY^{2-}$$

反应前: $\quad 0.005 \text{mol} \cdot L^{-1}, 0.01 \text{mol} \cdot L^{-1} \quad 0$

反应后: $\quad x \text{mol} \cdot L^{-1}, (0.01-0.005) \text{mol} \cdot L^{-1}, 0.005 \text{mol} \cdot L^{-1}$

当反应达平衡时

$$\frac{[MgY^{2-}]}{[Mg^{2+}] \cdot c_Y} = K'_{MgY^{2-}}$$

$$\frac{0.005}{0.005x} = 2.63 \times 10^7$$

$$\therefore x = \frac{1}{2.63 \times 10^7} = 3.80 \times 10^{-8} \text{mol} \cdot L^{-1}$$

7. 解:当 $pH = 2.0$ 时 $\lg\alpha_{Y(H)} = 13.51, \lg K_{FeY} = 25.10$

根据公式

$$\lg K'_{FeY} = \lg K_{FeY} - \lg\alpha_{Y(H)} = 25.10 - 13.51 = 11.59$$

得

$$K'_{FeY} = 10^{11.59} = 3.89 \times 10^{11}$$

现分四个阶段计算溶液中 pFe 的变化情况。

1) 滴定前溶液中 Fe^{3+} 的浓度为

$$[Fe^{3+}] = 0.020\,00 \text{mol} \cdot L^{-1}$$

$$pFe = -\lg[Fe] = 1.70$$

2) 滴定开始至化学计量点前,加入 19.98mL EDTA 时,溶液游离 Fe^{3+} 的浓度为

$$[Fe^{3+}] = \frac{0.020\,0}{20.00+19.98} \times 0.020\,00 = 1.00 \times 10^{-5} \text{mol} \cdot L^{-1}$$

$$pFe = 5.00$$

3) 化学计量点,由于 FeY 配位化合物比较稳定,所以到化学计量点时,Fe^{3+} 与加入的 EDTA 标准溶液几乎全部配位成 FeY 配合物。于是

$$[FeY] = \frac{20.00}{20.00+20.00} \times 0.020\,00 = 1.00 \times 10^{-2} \text{mol} \cdot L^{-1}$$

溶液中游离 Fe^{3+} 和 c_Y 的浓度相等,故

$$\frac{[FeY]}{[Fe^{3+}] \cdot c_Y} = 3.89 \times 10^{11}$$

$$\frac{1.0 \times 10^{-2}}{[Fe^{3+}]^2} = 3.89 \times 10^{11}$$

故 $\quad [Fe^{3+}] = 1.60 \times 10^{-7} \text{mol} \cdot L^{-1} \quad pFe = 6.80$

4) 化学计量点以后各点的计算:① 加入 20.02mL EDTA 时,此时 EDTA 过量,其浓度为

$$c_Y = \frac{0.02}{20.00+20.02} \times 0.020\,00 = 1.00 \times 10^{-5} \text{mol} \cdot L^{-1}$$

再根据

$$\frac{[\mathrm{FeY}]}{[\mathrm{Fe}^{3+}]\cdot c_{\mathrm{Y}}}=K'_{\mathrm{FeY}}$$

或

$$[\mathrm{Fe}^{3+}]=\frac{[\mathrm{FeY}]}{c_{\mathrm{Y}}\cdot K'_{\mathrm{FeY}}}=\frac{1.00\times10^{-2}}{1.00\times10^{-5}\times3.89\times10^{11}}=2.57\times10^{-9}\,\mathrm{mol\cdot L^{-1}}$$

故

$$\mathrm{pFe}=8.59$$

② 加入 40.00mL EDTA 时,EDTA 过量,其浓度为

$$c_{\mathrm{Y}}=\frac{20.00}{20.00+40.00}\times0.020\,00=6.67\times10^{-3}\,\mathrm{mol\cdot L^{-1}}$$

故

$$[\mathrm{Fe}^{3+}]=\frac{[\mathrm{FeY}]}{c_{\mathrm{Y}}\cdot K'_{\mathrm{FeY}}}=\frac{1.00\times10^{-2}}{6.67\times10^{-3}\times3.89\times10^{11}}=3.85\times10^{-12}\,\mathrm{mol\cdot L^{-1}}$$

$$\mathrm{pFe}=11.41$$

8. 解:在络合滴定中,终点误差的意义如下

$$E_{\mathrm{t}}=\frac{\text{滴定剂 Y 过量或不足的物质的量}}{\text{金属离子的物质的量}}$$

即

$$E_{\mathrm{t}}=\frac{c_{\mathrm{Y},\mathrm{ep}}V_{\mathrm{ep}}-c_{\mathrm{M},\mathrm{ep}}V_{\mathrm{ep}}}{c_{\mathrm{M},\mathrm{ep}}V_{\mathrm{ep}}}=\frac{[\mathrm{Y'}]_{\mathrm{ep}}-[\mathrm{M'}]_{\mathrm{ep}}}{c_{\mathrm{M},\mathrm{ep}}}$$

用 0.010 00mol·L⁻¹EDTA 滴定 20.00mL,1.0×10⁻²mol·L⁻¹金属离子 M,加入 EDTA 为 20.02mL 时,终点误差

$$E_{\mathrm{t}}=\frac{\dfrac{0.01\times20.02}{40.02}-\dfrac{0.01\times20.00}{40.02}}{\dfrac{0.01\times20.00}{40.02}}=\frac{20.02-20.00}{20.00}=0.1\%$$

又 $\Delta\mathrm{pM}=\pm0.1$ 由公式(6~26b),得

$$E_{\mathrm{t}}=\frac{10^{\Delta\mathrm{pM}}-10^{-\Delta\mathrm{pM}}}{\sqrt{c_{\mathrm{M},SP}\cdot K'_{\mathrm{MY}}}}=\frac{10^{0.1}-10^{-0.1}}{\sqrt{\dfrac{1}{2}\times10^{-2}\times K'_{\mathrm{MY}}}}=0.1\%$$

则

$$K'_{\mathrm{MY}}=10^{7.63}$$

9. 解: $\qquad K_1=\dfrac{1}{K_{a_2}}=\dfrac{1}{10^{-13.5}}=10^{13.5}\qquad K_2=\dfrac{1}{K_{a_1}}=\dfrac{1}{10^{-7.3}}=10^{7.3}$

铬蓝黑 R 的累积稳定常数为

$$\beta_1^{\mathrm{H}}=K_1=10^{13.5}\qquad \beta_2^{\mathrm{H}}=K_1K_2=10^{13.5}\times10^{7.3}=10^{20.8}$$

(1) pH = 10.0 时,

$$\alpha_{\mathrm{m(H)}}=1+\beta_1^{\mathrm{H}}[\mathrm{H^+}]+\beta_2^{\mathrm{H}}[\mathrm{H^+}]^2=1+10^{13.5}\times10^{-10.0}+10^{20.8}\times10^{-20.0}=10^{3.5}$$

$$\mathrm{PMg}_t=\lg K'_{\mathrm{MgIn}}=\lg K_{\mathrm{MgIn}}-\lg\alpha_{\mathrm{In(H)}}=7.6-3.5=4.1$$

(2) 由(1)pH = 10.0 时,$\mathrm{pMg}_{\mathrm{ep}}=\mathrm{pMg}_t=4.1$

查表可知 $\lg K_{MgY}=8.7$，pH$=10.0$ 时，$\lg\alpha_{Y(H)}=0.45$。

Mg^{2+} 无副反应，$\alpha_Y=\alpha_{Y(H)}=10^{0.45}$ $c_{Mg,SP}=10^{-2.00}$mol $\cdot$ L^{-1}

所以

$$\lg K'_{MgY}=\lg K_{MgY}-\lg\alpha_Y=8.7-0.45=8.25$$

$$p\mathrm{Mg}_{SP}=\frac{pc_{Mg,SP}+\lg K'_{MgY}}{2}=\frac{2.00+8.25}{2}=5.13$$

$$\Delta p\mathrm{Mg}=p\mathrm{Mg}_{ep}-p\mathrm{Mg}_{SP}=4.1-5.13=-1.03$$

$$E_t=\frac{10^{\Delta pMg}-10^{-\Delta pMg}}{\sqrt{c_{Mg,SP}\cdot K'_{MgY}}}\times100\%=\frac{10^{-1.03}-10^{1.03}}{\sqrt{10^{-2.00}\times10^{8.25}}}\times100\%\approx-0.8\%$$

（3）pH$=10.0$ 时，用 EBT 为指示剂时，$E_t=0.1\%$

为了减小终点误差，应该使指示剂变色时的 pM$_{ep}$ 尽量与计量点的 pM$_{SP}$ 接近，当 pH$=10.0$ 时，用 EBT 为指示剂，pM$g_{ep}=p\mathrm{Mg}_t=5.4$，与计算的 pM$g_{SP}$ 很接近，而且在此酸度下变色敏锐，因此选择 EBT 为指示剂是适宜的。

10. 解：查表得，pH$=5.0$ 时，$\lg\alpha_{Y(H)}=6.45$

由表可知，$K_{ZnY}=16.59$ $K_{AlY}=16.3$ $K_{MgY}=8.7$

溶液中的平衡关系可表示如下：

$$\mathrm{pH}=5.0\text{ 时},\lg\alpha_{Zn(OH)}=0.0$$

对于   Al^{3+} $\lg K'_{MY}=\lg K_{MY}-\lg\alpha_M-\lg\alpha_Y$

$$\alpha_{Al(F)}=1+\beta_1[\mathrm{F}]+\beta_2[\mathrm{F}]^2+\beta_3[\mathrm{F}]^3+\beta_4[\mathrm{F}]^4+\beta_5[\mathrm{F}]^5+\beta_6[\mathrm{F}]^6$$

$$=1+10^{6.13}(10^{-1})+10^{11.15}(10^{-1})^2+10^{15.0}(10^{-1})^3+10^{17.75}(10^{-1})^4+10^{19.37}(10^{-1})^5+10^{19.84}(10^{-1})^6$$

$$=3.59\times10^{14}=10^{14.56}$$

故得

$$\lg K'_{AlY}=16.3-6.45-14.56=-4.71$$

对于

$$\mathrm{Mg}^{2+}\quad\lg K'_{MY}=\lg K_{MY}-\lg\alpha_Y$$

$$\lg K'_{MgY}=8.7-6.45=2.25$$

对于

$$\mathrm{Zn}^{2+}\quad\lg K'_{MY}=\lg K_{MY}-\lg\alpha_Y$$

$$\alpha_{Y(Mg)}=1+c_{Mg,SP}K'_{MgY}=1+1.00\times10^{-2}\times10^{2.25}=2.78$$

$$[\mathrm{Al}^{3+}]=\frac{c_{Al,SP}}{\alpha_{Al^{3+}}}=\frac{1.0\times10^{-2}}{3.59\times10^{14}}=2.78\times10^{-17}\text{mol}\cdot\mathrm{L}^{-1}$$

$$\alpha_{Y(Al)}=1+[\mathrm{Al}^{3+}]K'_{AlY}=1+2.78\times10^{-17}\times10^{-4.71}=5.42\times10^{-22}$$

$$\alpha_{Y(Zn)} = \alpha_{Y(Al)} + \alpha_{Y(Mg)} + \alpha_{Y(H)} - 2 = 5.42 \times 10^{-22} + 2.78 + 10^{6.45} - 2 = 10^{6.45}$$

$$\lg K'_{ZnY} = 16.50 - 6.45 = 10.05$$

故可以在 $pH = 5.0$ 时选择滴定 Zn^{2+}。

11. 解：由题意

$$Ga:Y = 1:1 \qquad In:Y = 1:1 \tag{1}$$

$$Ga:L = 2:1 \qquad In:L = 1:1 \tag{2}$$

即形成 Ga_2L 和 InL 络合物，

$$n_{Y\text{总}} = 0.01036 \times 36.32 \times 10^{-3} = 0.0003763 \, mol$$

$$n_{L\text{总}} = 0.01142 \times 18.43 \times 10^{-3} = 0.0002105 \, mol$$

故

$$n_{Y\text{总}} - n_{L\text{总}} = 0.0003763 - 0.0002105 = 0.0001658 \, mol$$

则与镓络合的物质的量为

$$n_{Ga} = 2(n_{Y\text{总}} - n_{L\text{总}}) = 0.0001658 \times 2 = 0.0003316 \, mol$$

$$Ca\% = \frac{0.0003316 \times M_{Ga} \times \dfrac{100}{10}}{4.013} \times 100\% = 5.76\%$$

由公式

$$A\% = \left[\left(V_T \times \frac{1}{1000} \times 100\% \times M_A \right) / S \right] \times 100\%$$

得络合用去的量：

$$V_T = \frac{5.76\% \times S \times 1000}{c_T \times M_A}$$

$$= \frac{5.76\% \times 4.013 \times \dfrac{10}{100} \times 1000}{0.01036 \times 69.723} = 32.00 \, mL$$

$$In\% = \frac{V_T \times \dfrac{1}{1000} \times c_T \times M_A}{S} \times 100\%$$

$$= \frac{(36.62 - 32.00) \times \dfrac{1}{1000} \times 0.01036 \times 114.818}{4.013 \times \dfrac{10}{100}} \times 100\%$$

$$= 1.28\%$$

12. 解：由

$$K^+ + (C_6H_5)_4B^- =\!=\!= KB(C_6H_5)_4$$

$$4HgY^{2-} + (C_6H_5)_4B^- + 4H_2O =\!=\!= H_3BO_3 + 4C_6H_5Hg^+ + 4HY^{3-} + OH^-$$

知

$$K^+ : (C_6H_5)_4B^- : HY^{3-} = 1:1:4$$

$$Mg:Y = 1:1$$

则

$$n_Y = n_{Mg} = \frac{1}{1000} \times 29.64 \times 0.05580 \, mol$$

则

$$n_{K^+} = \frac{\dfrac{1}{1000} \times 29.64 \times 0.055\,80}{4} \text{mol}$$

$$c_{K^+} = \frac{\dfrac{1}{1000 \times 4} \times 29.64 \times 0.055\,80 \times 1000 \times 39.10}{0.25} = 64.7 \text{mg} \cdot \text{L}^{-1}$$

13. 解：所加 $BaCl_2$ 物质的量 $0.050\,00\text{mol} \cdot \text{L}^{-1} \times 20.00\text{mL} \times \dfrac{1}{1000}$

消耗去 $BaCl_2$ 物质的量 $0.025\,00\text{mol} \cdot \text{L}^{-1} \times 20.00\text{mL} \times \dfrac{1}{1000}$

用来沉淀 SO_4^{2-} 所消耗去 $BaCl_2$ 物质的量

$0.050\,00\text{mol} \cdot \text{L}^{-1} \times 20.00\text{mL} \times \dfrac{1}{1000} - 0.025\,00\text{mol} \cdot \text{L}^{-1} \times 20.00\text{mL} \times \dfrac{1}{1000}$

此量即为 SO_4^{2-} 物质的量

故煤样中硫的百分含量为

$$S\% = \frac{\left(0.050\,00 \times 20.00 \times \dfrac{1}{1000} - 0.025\,00 \times 20.00 \times \dfrac{1}{1000}\right) M_S}{0.500\,0} \times 100\%$$

$$= \frac{\left(0.050\,00 \times 20.00 \times \dfrac{1}{1000} - 0.025\,00 \times 20.00 \times \dfrac{1}{1000}\right) \times 32.07}{0.500\,0} \times 100\%$$

$$= 3.21\%$$

$$Cu\% = \frac{(37.30 - 13.40) \times 0.050\,00 \times \dfrac{1}{1000} \times M_{Cu}}{0.500\,0 \times \dfrac{25.00}{100.0}} \times 100\%$$

$$= \frac{(37.30 - 13.40) \times 0.050\,00 \times \dfrac{1}{1000} \times 63.55}{0.500\,0 \times \dfrac{25.00}{100.0}} \times 100\%$$

$$= 60.75\%$$

14. 解：设试样中含 Fe_2O_3 为 xg。

根据

$$n_{Fe_2O_3} = \frac{1}{2} n_{EDTA}$$

$$\frac{x}{M_{Fe_2O_3}} = \frac{1}{2} \times c_{EDTA} \cdot V_{EDTA}$$

$$\frac{x}{159.69} = \frac{1}{2} \times 0.020\,00 \times 18.16 \times 10^{-3}$$

$$\therefore \qquad x = 2.900 \times 10^{-2}$$

得

$$Fe_2O_3\% = \frac{2.900 \times 10^{-2}}{0.2000} \times 100\% = 14.50\%$$

又因为 Y^{4-} 与 Cu^{2+} 和 Al^{3+} 同时配合存在

故根据关系式

$$n_{AlY^-} \sim n_{Y4^-} \sim n_{Cu^{2+}} \sim 2n_{Al_2O_3}$$

$$n_{CuSO_4} + 2n_{Al_2O_3} = n_{Y4^-}$$

得

$$n_{CuSO_4 \cdot 5H_2O} + 2n_{Al_2O_3} = 25.00 \times 0.02 \times 10^{-3}$$

$$\frac{8.12 \times 0.005\,000 \times 10^{-3}}{249.68} + 2n_{Al_2O_3} = 25.00 \times 0.02 \times 10^{-3}$$

则

$$n_{Al_2O_3} = 1.687 \times 10^{-4}\,mol$$

$$m_{Al_2O_3} = 1.687 \times 10^{-4} \times 101.96 = 0.017\,2g$$

$$Al_2O_3\% = \frac{0.017\,2}{0.2000} \times 100\% = 8.60\%$$

（开丽曼·达吾提）

第七章 氧化还原滴定法

复习要点

第一节 氧化还原反应

一、条件电位

1. 条件电位 考虑到溶液中的实际情况,在能斯特方程中引入相应的活度系数和副反应系数。

$$Ox + ne^- \rightleftharpoons Red \qquad \varphi = \varphi^\theta + \frac{0.059}{n} \lg \frac{\alpha Ox}{\alpha_{Red}}$$

$$\alpha Ox = [Ox] \gamma Ox = \frac{cOx}{\alpha Ox} \gamma Ox \quad \alpha Red = [Red] \gamma Red = \frac{c_{Red}}{\alpha_{Red}} \gamma_{Red}$$

有

$$\varphi = \varphi^\theta + \frac{0.059}{n} \lg \frac{\gamma Ox \alpha_{Red}}{\gamma_{Red} \alpha Ox} + \frac{0.059}{n} \lg \frac{cOx}{c_{Red}}$$

当 $cOx = c_{Red} = 1$ 时,得到 $\varphi^{\theta'} = \varphi^\theta + \frac{0.059}{n} \lg \frac{\gamma Ox \alpha_{Red}}{\gamma_{Red} \alpha Ox}$ …条件电位

条件电位的意义:表示在一定介质条件下,氧化态和还原态的分析浓度都为 $1 mol \cdot L^{-1}$ 时的实际电位,在条件一定时为常数。

(1) $\varphi^{\theta'}$ 与 φ^θ 的关系如同条件稳定常数 K' 与稳定常数 K 之间的关系。

(2) 条件电位反映了离子强度与各种副反应的影响的总结果,比较符合实际情况。

(3) 各种条件下的条件电位都是由实验测定的。一般电位是指在不同介质中的条件电位。

(4) 当缺乏相同条件下的条件电位时,可采用条件相近的条件电位数据。如没有相应的条件电位数据,则采用标准电位。

2. 影响条件电位的因素 它们是盐效应、酸效应、生成沉淀、生成配合物。

(1) 盐效应:溶液中电解质浓度对条件电位的作用。

(2) 酸效应:有 H^+ 或 OH^- 参加的半反应,或反应物为弱酸或弱碱,酸度影响其存在形式,从而改变条件电位。

(3) 生成沉淀:加入能与氧化态或还原态生成沉淀的试剂,会改变条件电位:与氧化态生成沉淀,降低;与还原态生成沉淀,升高。

（4）生成配合物。

二、氧化还原平衡常数

1. 条件平衡常数

氧化还原反应

$$n_2 Ox_1 + n_1 Red_2 \Leftrightarrow n_1 Ox_2 + n_2 Red_1$$

两电对的半反应及相应的 Nernst 方程

$$Ox_1 + n_1 e \Leftrightarrow Red_1 \quad , \quad \varphi_1 = \varphi_1^{\theta'} + \frac{0.059}{n_1} lg \frac{cOx_1}{c_{Red_1}}$$

$$Ox_2 + n_2 e = Red_2 \quad , \quad \varphi_2 = \varphi_2^{\theta'} + \frac{0.059}{n_2} lg \frac{cOx_2}{c_{Red_2}}$$

$$K' = \frac{c^{n_1} Ox_2 c^{n_2}_{Red_1}}{c^{n_2} Ox_1 c^{n_1}_{Red_2}} \qquad 条件平衡常数$$

2. 条件平衡常数与条件电位的关系

当反应达到平衡时,两电对的电势相等 $\varphi_1 = \varphi_2$,则

$$\varphi_1^{\theta'} + \frac{0.059}{n_1} lg \frac{cOx_1}{c_{Red_1}} = \varphi_2^{\theta'} + \frac{0.059}{n_2} lg \frac{cOx_2}{c_{Red_2}} 整理得:$$

$$lgK' = lg\left[\left(\frac{c_{Red_1}}{cOx_1}\right)^{n_2}\left(\frac{cOx_2}{c_{Red_2}}\right)^{n_1}\right] = \frac{(E_1^{\theta'} - E_2^{\theta'})n_1 n_2}{0.059} = \frac{(E_1^{\theta'} - E_2^{\theta'})n}{0.059}$$

将条件电位改为标准电位,即得氧化还原平衡常数与标准电位的关系

$$lgK = \frac{(E_1^{\theta} - E_2^{\theta})n_1 n_2}{0.059} = \frac{(E_1^{\theta} - E_2^{\theta})n}{0.059}$$

K' 越大,反应越完全。K' 与两电对的条件电极电位差和 n_1, n_2 有关。对于 $n_1 = n_2 = 1$ 的反应,若要求反应完全程度达到 99.9%,即在到达化学计量点时

$$c_{Red_1}/cOx_1 = 99.9\%/0.1\% \geqslant 10^3$$

$$cOx_2/c_{Red_2} = 99.9\%/0.1\% \geqslant 10^3$$

$$\Delta\varphi = \varphi_1^{\theta'} - \varphi_2^{\theta'} = \frac{0.0592}{n_1 n_2} lg(10^{3n_1} 10^{3n_2}) = \frac{0.0592}{n_1 n_2} 3(n_1 + n_2)$$

$n_1 = n_2 = 1$ 时

$$\Delta\varphi = \varphi_1^{\theta'} - \varphi_2^{\theta'} = \frac{0.0592}{n_1 n_2} 3(n_1 + n_2) = 0.0592 \times 6 = 0.36$$

$n_1 = 1 \quad n_2 = 2$ 时

$$\Delta\varphi = \varphi_1^{\theta'} - \varphi_2^{\theta'} = \frac{0.0592}{n_1 n_2} 3(n_1 + n_2) = \frac{0.0592 \times 9}{2} = 0.27$$

两电对的条件电极电位差必须大于 0.36V。

三、影响氧化还原反应速率的因素

（1）反应物浓度：一般来说反应物的浓度越大，反应的速率越快。

（2）温度：通常溶液的温度每增高 10℃，反应速率约增大 2~3 倍，如反应

$$2MnO_4^- + 5C_2O_4^{2-} + 16H^+ = 2Mn^{2+} + 10CO_2 + 8H_2O$$

溶液加热至 75~85℃。

（3）催化剂。

第二节　氧化还原滴定基本原理

一、氧化还原滴定曲线

在氧化还原滴定中，随着滴定剂的加入，被滴定物质的氧化态和还原态的浓度逐渐改变，电对的电位也随之改变。氧化还原滴定曲线是描述电对电位与滴定分数之间的关系曲线。对于可逆氧化还原体系，可根据能斯特公式由理论计算得出氧化还原滴定曲线。对于不可逆的氧化还原体系，滴定曲线通过实验方法测得，理论计算值与实验值相差较大。

对称电对的氧化还原滴定曲线

$$Ce^{4+} + Fe^{2+} \xrightleftharpoons[]{1mol \cdot L^{-1} H_2SO_4} Ce^{3+} + Fe^{3+}$$

以 $0.100\,0mol \cdot L^{-1}$ $Ce(SO_4)_2$ 溶液滴定 $0.100\,0mol \cdot L^{-1}$ $FeSO_4$ 溶液为例

$$\varphi^{\theta'}_{Ce^{4+}/Ce^{3+}} = 1.44V, \varphi^{\theta'}_{Fe^{3+}/Fe^{2+}} = 0.68V$$

（1）滴定开始到化学计量点：可利用 Fe^{3+}/Fe^{2+} 电对来计算 φ 值。

例　当滴定了 99.9% 的 Fe^{2+} 时，$c_{Fe^{3+}}/c_{Fe^{2+}} = 999/1 \approx 10^3$，

$$\varphi = \varphi^{\theta'}_{Fe^{3+}/Fe^{2+}} + 0.059lg\frac{c_{Fe^{3+}}}{c_{Fe^{2+}}} = 0.68 + 0.059lg10^3 = 0.86V$$

（2）化学计量点：两电对的能斯特方程式联立求得。化学计量点时的电位分别表示成

$$\varphi_{SP} = 0.68 + 0.059lg(c_{Fe^{3+}}/c_{Fe^{2+}}) \qquad \varphi_{SP} = 1.44 + 0.059lg(c_{Ce^{4+}}/c_{Ce^{3+}})$$

两式相加得：$2\varphi_{SP} = 0.68 + 1.44 + 0.059lg(c_{Fe^{3+}}c_{Ce^{4+}}/c_{Fe^{2+}}c_{Ce^{3+}})$ 计量点时

$$c_{Fe^{3+}} = c_{Ce^{3+}}, c_{Ce^{4+}} = c_{Fe^{3+}}, lg(c_{Fe^{3+}}c_{Ce^{4+}}/c_{Fe^{2+}}c_{Ce^{3+}}) = 0, \varphi_{SP} = 1.06V$$

（3）化学计量点后：可利用 Ce^{4+}/Ce^{3+} 电对计算 E 值。例如：当加入过量 0.1% Ce^{4+} 时，

$$\varphi = 1.44 + 0.059lg\frac{c_{Ce^{4+}}}{c_{Ce^{3+}}} = 1.44 + 0.059lg10^{-3} = 1.26V (c_{Ce^{4+}}/c_{Ce^{3+}} = 0.1/100 = 10^{-3})$$滴定曲线图 7-1：

a. 滴定百分数为 50 处的电位就是还原剂（Fe^{2+}）的条件电位；滴定百分数为 200 处的电位就是氧化剂（Ce^{4+}）的条件电位。

b. 当两电对的条件电位相差越大，滴定突跃也越大。

c. Ce^{4+} 滴定 Fe^{2+} 的反应，两电对电子转移数为 1，化学计量点电位（1.06V）正好处于滴定突跃（0.86~1.26）的中间。

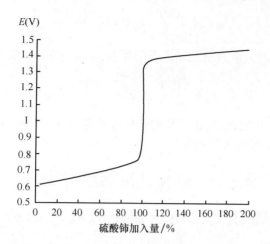

图 7-1 在 $1mol \cdot L^{-1}$ 硫酸溶液中,用 $0.100\ 0mol \cdot L^{-1}Ce(Ⅳ)$ 滴定 $20.00mL\ 0.100\ 0mol \cdot L^{-1}\ Fe(Ⅱ)$ 的滴定曲线

d. 化学计量点前后的曲线基本对称。对于电子转移数不同的对称氧化还原反应:

$$\varphi_{SP} = \frac{n_1 E_1^{\theta'} + n_2 E_2^{\theta'}}{n_1 + n_2}$$

二、氧化还原滴定指示剂

常用指示剂有以下几种类型:

1. 自身指示剂

$$MnO_4^- (紫红色) + 5Fe^{2+} + 8H^+ = Mn^{2+} (肉色,近无色) + 5Fe^{3+} + H_2O$$

(1) 实验表明:$KMnO_4$ 的浓度约为 $2×10^{-6}\ mol \cdot L^{-1}$ 时就可以看到溶液呈粉红色。

(2) $KMnO_4$ 滴定无色或浅色的还原剂溶液,不需外加指示剂。

(3) $KMnO_4$ 称为自身指示剂。

2. 特殊指示剂

(1) 可溶性淀粉与碘溶液反应,生成深蓝色的化合物。

(2) 可用淀粉溶液作指示剂。

(3) 在室温下,用淀粉可检出 $10^{-5}mol \cdot L^{-1}$ 的碘溶液。温度升高,灵敏度降低。

3. 氧化还原反应的指示剂

(1) 这类指示剂的氧化态和还原态具有不同的颜色,在滴定过程中,指示剂由氧化态变为还原态,或由还原态变为氧化态,根据颜色的突变来指示终点

$$Cr_2O_7^{2-} (黄色) + 6\ Fe^{2+} + 14\ H^+ = 2Cr^{3+} (绿色) + 6Fe^{3+} + 7H_2O$$

(2) 需外加本身发生氧化还原反应的指示剂,如二苯胺磺酸钠指示剂,紫红→无色。

$$In(Ox) + ne = In_{(Red)}$$

$$\varphi = \varphi_{In}^{\theta} + \frac{0.059}{n} lg \frac{[In(Ox)]}{[In(Red)]}$$ 当 $[In_{Ox}] / [In_{Red}] \geqslant 10$,溶液呈现氧化态的颜色,

此时

$$\varphi = \varphi_{In}^{\theta} + \frac{0.059}{n}\lg 10 = K_{In}^{\theta} + \frac{0.059}{n}$$

$[In_{Ox}]/[In_{Red}] \leqslant 1/10$，溶液呈现还原态的颜色，$\varphi = \varphi_{In}^{\theta} + \frac{0.059}{n}\lg\frac{1}{10} = \varphi_{In}^{\theta} - \frac{0.059}{n}$

指示剂变色的电位范围为：$\varphi_{In}^{\theta} \pm \frac{0.059}{n}$，或 $\varphi_{In}^{\theta'} \pm \frac{0.059}{n}$（考虑离子强度和副反应）

（3）氧化还原指示剂的选择：指示剂的条件电位应尽量与反应的化学计量点电位一致。当 $n_1 = n_2 = 1$ 时，且皆为对称电对。

第三节 氧化还原滴定的预处理

一、进行氧化还原滴定预处理的必要性

内容略。

二、预氧化剂（表7-1）或还原剂的选择

（1）反应进行完全，速率快。
（2）必须将欲测组分定量地氧化或者还原。
（3）反应具有一定的选择性。
（4）过量的氧化剂或还原剂易于除去（有加热分解、过滤、利用化学反应等方法）。

表 7-1 常用预氧化剂或还原剂

氧化剂或还原剂	反应条件	主要应用	除去方法
$(NH_4)_2S_2O_8$	酸性	$Mn^{2+} \rightarrow MnO_4^-$	煮沸分解
		$Cr^{3+} \rightarrow Cr_2O_7^{2-}$	
		$VO^{2+} \rightarrow VO_2^+$	
H_2O_2	碱性	$Cr^{3+} \rightarrow CrO_4^{2-}$	煮沸分解
Cl_2, Br_2	酸性或中性	$I_2 \rightarrow IO_3^-$	煮沸或通空气
$KMnO_4$	酸性	$VO^{2+} \rightarrow VO_3^-$	加 NO_2 除去
	碱性	$Cr^{3+} \rightarrow CrO_4^-$	
$HClO_4$	酸性	$Cr^{3+} \rightarrow Cr_2O_7^{2-}$	稀释
		$VO^{2+} \rightarrow VO_3^-$	
KIO_4	酸性	$Mn^{2+} \rightarrow MnO_4^-$	不必除去
SO_2	中性或弱酸性	$Fe^{3+} \rightarrow Fe^{2+}$	煮沸或通 CO_2
$SnCl_2$	酸性加热	$Fe^{3+} \rightarrow Fe^{2+}$	加 $HgCl_2$ 氧化
		$As(V) \rightarrow As(III)$	
		$Mo(VI) \rightarrow Mo(V)$	
$TiCl_3$	酸性	$Fe^{3+} \rightarrow Fe^{2+}$	水稀释，Cu 催化空气氧化
Zn, Al	酸性	$Fe^{3+} \rightarrow Fe^{2+}$	过滤或加酸溶解
		$Ti(IV) \rightarrow Ti(III)$	
Jones 还原器（锌汞齐）	酸性	$Fe^{3+} \rightarrow Fe^{2+}$	
		$Ti(IV) \rightarrow Ti(III) VO_2^-$	
		$\rightarrow V^{2+} Cr^{3+} \rightarrow Cr^{2+}$	
银还原器	HCl	$Fe^{3+} \rightarrow Fe^{2+}$	$Cr^{3+}, Ti(IV)$ 不被还原

第四节 碘 量 法

碘法(也叫碘量法)是利用 I_2 的氧化性和 I^- 的还原性来进行滴定的分析方法,是常用的氧化还原滴定方法之一,可分为直接碘法与间接碘法。

电极基本反应为

$$I_3^- + 2e = 3I^- \qquad \varphi^{\theta'} = 0.545V$$

1. 直接碘量法　钢铁中硫的测定

$I_2 + SO_2 + 2H_2O = 2I^- + SO_4^{2-} + 4H^+$,测定 As_2O_3,Sb(Ⅲ),Sn(Ⅱ)等。

2. 间接碘量法　$KMnO_4$ 在酸性溶液中,与过量的 KI 作用析出 I_2,其反应为:

$$2MnO_4^- + 10I^- + 16H^+ = 2Mn^{2+} + 5I_2 + 8H_2O$$

再用 $Na_2S_2O_3$ 标准溶液滴定:$I_2 + 2S_2O_3^{2-} = 2I^- + S_4O_6^{2-}$

间接碘量法可用于测定 Cu^{2+},CrO_4^{2-},$Cr_2O_7^{2-}$,IO_3^-,BrO_3^-,AsO_4^{3-},SbO_4^{3-},NO_2^-,H_2O_2 等。注意:

(1)溶液酸度必须控制在中性或弱酸性。

(2)防止 I_2 的挥发和空气中的 O_2 氧化 I^-。

3. $Na_2S_2O_3$ 标准溶液的配制与标定

(1)配制 $Na_2S_2O_3$ 溶液需用新煮沸(除去 CO_2 和杀死细菌)的水。

(2)于冷的新煮沸水中加入 Na_2CO_3 使溶液呈弱碱性,抑制细菌生长。

(3)最好是使用前标定。

(4)常采用 $K_2Cr_2O_7$,KIO_3 间接标定 $Na_2S_2O_3$ 溶液。

4. I_2 标准溶液的配制与标定。

第五节　高锰酸钾法

$KMnO_4$ 在不同介质下发生的反应:强酸溶液:$MnO_4^- + 8H^+ + 5e = Mn^{2+} + 4H_2O$;弱酸性或中性或碱性溶液:$MnO_4^- + 2H_2O + 3e = MnO_2 + 4OH^-$;强碱性溶液:$MnO_4^- + e = MnO_4^{2-}$;$MnO_4^{2-}$ 不稳定,易歧化:$3MnO_4^{2-} + 4H^+ = 2MnO_4^- + MnO_2 + 2H_2O$

1. 高锰酸钾法的滴定方式

a. 直接滴定法:还原性物质,如 Fe^{2+},As(Ⅲ),Sb(Ⅲ),H_2O_2,$C_2O_4^{2-}$,NO_2^-。

b. 返滴定法:不能直接滴定的氧化性物质,如 MnO_2,在硫酸介质中,加入一定量过量的 $Na_2C_2O_4$ 标准溶液,作用完毕后,用 $KMnO_4$ 标准溶液滴定过量的 $C_2O_4^{2-}$。

c. 间接滴定法:非氧化还原性物质,如 Ca^{2+},首先将其沉淀为 CaC_2O_4,再用稀硫酸将所得沉淀溶解,用 $KMnO_4$ 标准溶液滴定溶液中的 $C_2O_4^{2-}$。

2. $KMnO_4$ 溶液的配制与标定

(1)配制稳定 $KMnO_4$ 溶液的措施:

a. 称取稍多于理论量的 $KMnO_4$,溶解在规定体积的蒸馏水中。

b. 将配好的 $KMnO_4$ 溶液加热至沸,并保持微沸约 1 小时,然后放置 2~3 天,使溶液中可能存在的还原性物质完全氧化。

 c. 用微孔玻璃漏斗过滤,除去析出的沉淀。

 d. 将过滤后的 $KMnO_4$ 溶液贮存于棕色试剂瓶中,并存放于暗处,以待标定。

 (2) 标定:用 $Na_2C_2O_4$,As_2O_3,$H_2C_2O_4 \cdot 2H_2O$ 和纯铁丝等。其中以 $Na_2C_2O_4$ 较为常用。硫酸溶液中,$2MnO_4^- + 5C_2O_4^{2-} + 16H^+ = 2Mn^{2+} + 10CO_2 + 8H_2O$。

 3. 该标定反应的影响因素

 a. 温度 70~85℃。

 b. 酸度 0.5~1mol · L^{-1}。

 c. 滴定速度:开始滴定速度不宜太快。

 d. 催化剂:可于滴定前加入几滴 $MnSO_4$ 作为催化剂。

 e. 指示剂:$KMnO_4$ 自身可作为滴定时的指示剂,但使用浓度低至 0.002mol · L^{-1} $KMnO_4$ 溶液作为滴定剂时,应加入二苯胺磺酸钠或 1,10-邻二氮菲 Fe(Ⅱ)等指示剂来确定终点。

 f. 滴定终点:滴定时溶液中出现的粉红色应在 0.5~1 分钟内不退色。

 4. 应用实例

 (1) H_2O_2 的测定(碱金属与碱土金属的过氧化物)直接滴定

 (2) Ca^{2+} 的测定(间接滴定)

 (3) 软锰矿中 MnO_2 的测定(PbO_2)(返滴定法)

 (4) 化学需氧量(COD)的测定 (返滴定法)

第六节　重铬酸钾法

 1. 优点

 a. $K_2Cr_2O_7$ 容易提纯,在 140~250℃ 干燥后,可以直接称量配制标准溶液。

 b. $K_2Cr_2O_7$ 标准溶液非常稳定,可以长期保存。

 c. $K_2Cr_2O_7$ 的氧化能力没有 $KMnO_4$ 强,在 1 mol · L^{-1}HCl 溶液中 $E^{\theta'} = 1.00V$,室温下不与 Cl^- 作用($E^{\theta'} = 1.36V$)。受其他还原性物质的干扰也较 $KMnO_4$ 法少。

 2. 示剂　二苯胺磺酸钠。

 3. 应用实例

 (1) 主要用于测定 Fe^{2+},是铁矿石中全铁量测定的标准方法。

 (2) UO_2^{2+} 的测定。

 (3) COD 的测定。

第七节　其他氧化还原滴定法

 1. 硫酸铈法　利用 Ce^{4+} 的强氧化性测定还原性物质

$$Ce^{4+} + Fe^{2+} = Ce^{3+} + Fe^{3+}$$

$$E^{\phi}_{Ce^{4+}/Ce^{3+}} = 1.44V, E^{\phi}_{Fe^{3+}/Fe^{2+}} = 0.68V$$

 2. 溴酸钾法　$KBrO_3$ 是强氧化剂,在酸性溶液中,半反应式如下:

电对反应

$$BrO_3^- + 6e + 6H^+ = Br^- + H_2O$$

配制：$KBrO_3$ 易提纯，可用直接配制法。

标定

$$BrO_3^- + 6I^- + 6H^+ = Br^- + 3I_2 + 3H_2O$$
$$I_2 + 2S_2O_3^{2-} = 2I^- + S_4O_6^{2-}$$

强 化 训 练

一、单选题

1. 用碘量法测定 Cu^{2+} 时，加入 KI 是作为（　　　）

   A. 氧化剂　　　　　　　　　B. 还原剂　　　　　　　　C. 络合剂

   D. 沉淀剂　　　　　　　　　E. 指示剂

2. 间接碘量法中加入淀粉指示剂的适宜时间是（　　　）

   A. 滴定开始前　　　　　　　B. 滴定开始后　　　　　　C. 滴定至近终点时

   D. 滴定至红棕色退尽至无色时　　E. 滴定中间

3. 条件电极电位是（　　　）

   A. 标准电极电位

   B. 任意温度下的电极电位

   C. 任意浓度下的电极电位

   D. 在特定条件下，氧化型和还原型的分析浓度均为 $1mol \cdot L^{-1}$ 时，校正了各种外界因素（酸度、络合等）影响后的实际电极电位

   E. 任意压力下的电极电位

4. 高锰酸钾法应在何种介质中进行（　　　）

   A. 强碱性介质　　　　　　　B. 强酸性介质　　　　　　C. 中性或弱酸性介质

   D. 中性介质　　　　　　　　E. 中性、弱碱性或酸性介质

5. 间接碘量法应在何种介质中进行（　　　）

   A. 强碱性介质　　　　　　　B. 强酸性介质　　　　　　C. 中性或弱酸性介质

   D. 中性介质　　　　　　　　E. 中性、弱碱性或酸性介质

6. 直接碘量法应在何种介质中进行（　　　）

   A. 强碱性介质　　　　　　　B. 强酸性介质　　　　　　C. 中性或弱酸性介质

   D. 中性介质　　　　　　　　E. 中性、弱碱性或酸性介质

7. 二苯胺磺酸钠是 $K_2Cr_2O_7$ 滴定 Fe^{2+} 的常用指示剂。它是属于（　　　）

   A. 自身指示剂　　　　　　　B. 特殊指示剂　　　　　　C. 氧化还原指示剂

   D. 其他指示剂　　　　　　　E. 酸碱指示剂

8. 用 $KMnO_4$ 法可测定 Ca^{2+}。先将 Ca^{2+} 沉淀为 CaC_2O_4，再经过滤，洗涤后将沉淀溶于热的稀 H_2SO_4 溶液中，最后用 $KMnO_4$ 标准溶液滴定 $H_2C_2O_4$，此方法为（　　　）

A. 直接滴定法　　　　　　　　B. 置换滴定法　　　　　　　C. 间接滴定法

D. 返滴定法　　　　　　　　　E. 酸碱指示剂

9. 电对 Ce^{4+}/Ce^{3+}, Fe^{3+}/Fe^{2+} 的条件电极电位分别为 1.44V 和 0.68V, 则反应 $Ce^{4+}+Fe^{2+} \leftrightarrow Fe^{3+}+Ce^{3+}$ 化学计量点的电位为(　　　)

A. 1.44　　　　　B. 0.68　　　　　C. 1.06　　　　　D. 0.76　　　　　E. 0.52

10. 对于 1:1 型的氧化还原滴定反应, 若其转移电子数为 1, 则条件电位满足什么条件时, 可认为反应的完全程度在 99.9% 以上?(　　　)

A. 大于 0.2V　　　　　　　　B. 小于 0.3V　　　　　　　C. 小于 0.54V

D. 大于 0.36V　　　　　　　 E. 大于 0.27V

11. 直接碘量法中加入淀粉指示剂的适宜时间为(　　　)

A. 滴定开始前　　　　　　　B. 滴定开始后　　　　　　　C. 滴定至化学计量点后

D. 滴定至 I_2 的暗红色快退尽时　　E. 滴定结束后

12. 间接碘量法测定的药物应是(　　　)

A. 中性药物　　　　　　　　B. 氧化性药物　　　　　　　C. 还原性药物

D. 有机药物　　　　　　　　E. 氧化性和还原性药物

13. 在氧化还原滴定中, 影响滴定突跃范围的因素主要是(　　　)

A. 电极电位　　　　　　　　B. 条件电位　　　　　　　　C. 电极电位差

D. 条件电位差　　　　　　　E. 标准电极电位

14. 碘量法中所用的指示剂是(　　　)

A. 淀粉指示剂　　　　　　　B. 自身指示剂　　　　　　　C. 酸碱指示剂

D. 氧化还原指示剂　　　　　E. 金属离子指示剂

15. 亚硝酸钠滴定法主要用于测定(　　　)

A. 芳伯胺或芳仲胺类药物　　B. 胺类药物　　　　　　　　C. 还原性药物

D. 氧化性药物　　　　　　　E. 酸性药物

16. 标定 $Na_2S_2O_3$ 标准溶液常用的基准物是(　　　)

A. $K_2Cr_2O_7$　　　B. ZnO　　　C. NaCl　　　D. As_2O_3　　　E. Na_2CO_3

17. 标定 I_2 标准溶液常用的基准物是(　　　)

A. $K_2Cr_2O_7$　　　B. ZnO　　　C. NaCl　　　D. As_2O_3　　　E. $Na_2C_2O_4$

18. 配制 $Na_2S_2O_3$ 溶液时, 应用(　　　)

A. 新煮沸放冷的蒸馏水配制　　　　　B. 用 0.10mol·L^{-1} NaOH 溶液配制

C. 用 0.10mol·L^{-1} HCl 溶液配制　　D. 用一般蒸馏水配制

E. 用 Na_2CO_3 溶液配制

19. 下列哪种滴定不属于氧化还原滴定(　　　)

A. EDTA 滴定法　　　　　　B. 高锰酸钾滴定法　　　　　C. 直接碘量法

D. 间接碘量法　　　　　　　E. 重铬酸钾法

20. 碘量法中所用的指示剂是(　　　)

A. 淀粉指示剂　　　　　　　B. 自身指示剂　　　　　　　C. 酸碱指示剂

D. 氧化还原指示剂　　　　　E. 金属离子指示剂

21. 高锰酸钾法中所用的介质是(　　　)
    A. 强碱性介质　　　　　　　　B. 强酸性介质　　　　　　　C. 中性或弱酸性介质
    D. 中性介质　　　　　　　　　E. 中性、弱碱性或酸性介质

二、填空题

1. 若两电对电子转移数均为1,为使反应完全程度达到99.9%,则两电对的条件电位差至少应大于＿＿＿＿。若两对电子转移数均为2,则该数值应为＿＿＿＿。
2. 常用的氧化还原方法有＿＿＿＿、＿＿＿＿和＿＿＿＿。
3. 常用的标定高锰酸钾的基准物质有＿＿＿＿、＿＿＿＿。
4. 填写标定以下各溶液浓度时,选用的基准物与指示剂:

溶液	$KMnO_4$	$Na_2S_2O_3$
基准物		
指示剂		

三、简答题

1. 条件电位和标准电位有什么不同? 影响电位的外界因素有哪些?
2. 是否平衡常数大的氧化还原反应就能应用于氧化还原滴定中? 为什么?
3. 影响氧化还原反应速率的主要因素有哪些?
4. 常用氧化还原滴定法有哪几类? 这些方法的基本反应是什么?
5. 应用于氧化还原滴定法的反应需具备什么条件?
6. 化学计量点在滴定曲线上的位置与氧化剂和还原剂的电子转移数有什么关系?
7. 试比较酸碱滴定、络合滴定和氧化还原滴定的滴定曲线,说明它们的共性和特性。
8. 高锰酸钾溶液作滴定剂时,为什么一般在强酸性条件下进行滴定?
9. 高锰酸钾标准溶液为什么不能直接配制,而需标定?
10. 用草酸标定高锰酸钾溶液时,1mol $KMnO_4$ 相当于多少 mol 草酸? 为什么?
11. 影响氧化还原反应速率的主要因素有哪些?
12. 氧化还原滴定中的指示剂分为几类? 各自如何指示滴定终点?
13. 碘量法的主要误差来源有哪些? 为什么碘量法不适宜在高酸度或高碱度介质中进行?
14. 比较用 $KMnO_4$,$K_2Cr_2O_7$ 和 $Ce(SO_4)_2$ 作滴定剂的优缺点。
15. 设计一个分别测定混合溶液中 AsO_3^{3-} 和 AsO_4^{3-} 的分析方案(原理、简单步骤和计算公式)。
16. 在 Cl^-,Br^- 和 I^- 三种离子的混合溶液中,欲将 I^- 氧化为 I_2,而又不使 Br^- 和 Cl^- 氧化,则在常用的氧化剂 $Fe_2(SO_4)_3$ 和 $KMnO_4$ 中应选择哪一种?

四、计算题

1. 计算在 1mol·L^{-1}HCl 溶液中,当[Cl^-]=1.0mol·L^{-1}时,Ag^+/Ag 电对的条件电位。
2. 计算在 1.0mol·L^{-1} HCl 介质中,当 $c_{Cr(VI)}$ = 0.10mol·L^{-1},$c_{Cr(III)}$ = 0.020mol·L^{-1} 时,$Cr_2O_7^{2-}/Cr^{3+}$ 电对的电极电位。

3. 计算 pH = 10.0，$[NH_4^+]+[NH_3]=0.20 mol \cdot L^{-1}$ 时 Zn^{2+}/Zn 电对的条件电位。若 $c_{Zn(II)}=0.020 mol \cdot L^{-1}$，体系的电位是多少？

4. 分别计算 $[H^+]=2.0 mol \cdot L^{-1}$ 和 pH = 2.00 时 MnO_4^-/Mn^{2+} 电对的条件电位。

5. 已知在 1mol · L^{-1} HCl 介质中，Fe(III)/Fe(II) 电对的 $E^0 = 0.70V$，Sn(IV)/Sn(II) 电对的 $E^0 = 0.14V$。求在此条件下，反应 $2Fe^{3+}+Sn^{2+}\Longrightarrow Sn^{4+}+2Fe^{2+}$ 的条件平衡常数。

6. 在 1mol · L^{-1} HClO$_4$ 介质中，用 0.020 00mol · L^{-1} KMnO$_4$ 滴定 0.10mol · L^{-1} Fe^{2+}，试计算滴定分数分别为 0.50，1.00，2.00 时体系的电位。已知在此条件下，MnO_4^-/Mn^{2+} 的电对的 $E^{0'} = 1.45V$，Fe^{3+}/Fe^{2+} 电对的 $E^{0'} = 0.73V$。

7. 在 0.10mol · L^{-1} HCl 介质中，用 0.200 0mol · L^{-1} Fe^{3+} 滴定 0.10mol · L^{-1} Sn^{2+}，试计算在化学计量点时的电位及其突跃范围。在此条件中选用什么指示剂，滴定终点与化学计量点是否一致？已知在此条件下，Fe^{3+}/Fe^{2+} 电对的 $E^{0'} = 0.73V$，Sn^{4+}/Sn^{2+} 电对的 $E^{0'} = 0.07V$。

8. 分别计算在 1mol · L^{-1} HCl 和 1mol · L^{-1} HCl 和 0.5mol · L^{-1} H$_3$PO$_4$ 的溶液中，用 0.100 0 mol · L^{-1} k$_2$Cr$_2$O$_4$ 滴定 20.00mL 0.600mol · L^{-1} Fe^{2+} 时化学计量点的电位。如果两种情况下都选用二苯胺磺酸钠作指示剂，哪种情况的误差较小？已知在两种条件下，$Cr_2O_7^{2-}/Cr^{3+}$ 的 $E^0 = 1.00V$，指示剂的 $E^0 = 0.85V$，Fe^{3+}/Fe^{2+} 电对在 1mol · L^{-1} HCl 中的 $E^0 = 0.70V$，而在 1mol · L^{-1} HCl 和 0.5mol · L^{-1} H$_3$PO$_4$ 中的 $E^{0'} = 0.51V$。

9. 用 30.00mL 某 KMnO$_4$ 标准溶液恰能氧化一定的 KHC$_2$O$_4$ · H$_2$O，同样质量的又恰能与 25.20mL 浓度为 0.201 2mol · L^{-1} 的 KOH 溶液反应。计算此 KMnO$_4$ 溶液的浓度。

10. 某 KMnO$_4$ 标准溶液的浓度为 0.024 84mol · L^{-1}，求滴定度：（1）$T_{KMnO_4/Fe}$；（2）T_{KMnO_4/Fe_2O_3}；（3）$T_{KMnO_4/FeSO_4 \cdot 7H_2O}$。

11. 用 0.264 3g 纯 As$_2$O$_3$ 标定某 KMnO$_4$ 溶液的浓度。先用 NaOH 溶解 AsO$_3$ 后，用待标定的 KMnO$_4$ 溶液滴定，用去 40.46mL。计算 KMnO$_4$ 溶液的浓度。

12. 准确称取铁矿石试样 0.500 0g，用酸溶解后加入 SnCl$_2$，使 Fe^{3+} 还原为 Fe^{2+}，然后用 24.50mL KMnO$_4$ 标准溶液滴定。已知 1mLKMnO$_4$ 相当于 0.012 60g H$_2$C$_2$O$_4$ · 2H$_2$O。试问：（1）矿样中 Fe 及 Fe$_2$O$_3$ 的质量分数各为多少？（2）取市售双氧水 3.00mL 稀释定容至 250.0mL，从中取出 20.00mL 试液，需用上述溶液 KMnO$_4$ 21.18mL 滴定至终点。计算每 100.0 毫升市售双氧水（过氧化氢）所含 H$_2$O$_2$ 的质量。

13. 准确称取含有 PbO 和 PbO$_2$ 混合物的试样 1.234g，在其酸性溶液中加入 20.00mL 0.250 0mol · L^{-1} H$_2$C$_2$O$_4$ 溶液，将 PbO$_2$ 还原为 Pb^{2+}。所得溶液用稀氨溶液中和，使溶液中所有的 Pb^{2+} 均沉淀为 PbC$_2$O$_4$。过滤，滤液酸化后用 0.040 00mol · L^{-1} KMnO$_4$ 标准溶液滴定，用去 10.00mL，将所得 PbC$_2$O$_4$ 沉淀溶于酸后，用 0.040 00mol · L^{-1} KMnO$_4$ 标准溶液滴定，用去 30.00mL。计算试样中 PbO 和 PbO$_2$ 的质量分数。

14. 仅含有惰性杂质的铅丹（Pb$_3$O$_4$）试样重 3.500g，加一移液管 Fe^{2+} 标准溶液和足量的稀 H$_2$SO$_4$ 于此试样中。溶解作用停止以后，过量的 Fe^{2+} 需 3.05mL 0.040 00mol · L^{-1} KMnO$_4$ 溶液滴定。同样一移液管的上述 Fe^{2+} 标准溶液，在酸性介质中用 0.040 00mol · L^{-1} KMnO$_4$ 标准溶液滴定时，需用去 48.05mL。计算铅丹中 Pb$_3$O$_4$ 的质量分数。

15. 准确称取软锰矿试样 0.526 1g,在酸性介质中加入 0.704 9g 纯 $Na_2C_2O_4$。待反应完全后,过量的 $Na_2C_2O_4$ 用 0.021 60mol·L^{-1} KMnO$_4$ 标准溶液滴定,用去 30.47mL。计算软锰矿中 MnO_2 的质量分数?

16. 用 $K_2Cr_2O_7$ 标准溶液测定 1.000g 试样中的铁。试问 1.000L $K_2Cr_2O_7$ 标准溶液中应含有多少克 $K_2Cr_2O_7$ 时,才能使滴定管读到的体积(mL)恰好等于试样铁的质量分数(%)?

17. 0.498 7g 铬铁矿试样经 Na_2O_2 熔融后,使其中的 Cr^{3+} 氧化为 $Cr_2O_7^{2-}$,然后加入 10mL 3mol·L^{-1} H_2SO_4 及 50mL 0.120 2mol·L^{-1} 硫酸亚铁溶液处理。过量的 Fe^{2+} 需用 15.05mL K_2CrO_7 标准溶液滴定,而标准溶液相当于 0.006 023g。试求试样中的铬的质量分数。若以 Cr_2O_3 表示时又是多少?

18. 将 0.196 3g 分析纯 $K_2Cr_2O_7$ 试剂溶于水,酸化后加入过量 KI,析出的 I_2 需用 33.61mL $Na_2S_2O_3$ 溶液滴定。计算 $Na_2S_2O_3$ 溶液的浓度。

19. 称取含有 Na_2HAsO_3 和 As_2O_5 及惰性物质的试样 0.250 0g,溶解后在 $NaHCO_3$ 存在下用 0.051 50mol·L^{-1} I_2 标准溶液滴定,用去 15.80mL。再酸化并加入过量 KI,析出的 I_2 用 0.130 0mol·L^{-1} NaS_2O_3 标准溶液滴定,用去 20.70mL。计算试样中 Na_2HAsO_3 和质量分数。

20. 今有不纯的 KI 试样 0.350 4g,在 H_2SO_4 溶液中加入纯 K_2CrO_4 0.194 0g 与之反应,煮沸逐出生成的 I_2。放冷后又加入过量 KI,使之与剩余的 K_2CrO_4 作用,析出的 I_2 用 0.102 0mol·L^{-1} $Na_2S_2O_3$ 标准溶液滴定,用去 10.23mL。问试样中 KI 的质量分数是多少?

21. 将 1.025g 二氧化锰矿样溶于浓盐酸中,产生的氯气通入浓 KI 溶液后,将其体积稀释到 250.0mL。然后取此溶液 25.00mL,用 0.105 2mol·L^{-1} $Na_2S_2O_3$ 标准溶液滴定,需要 20.02mL。求软锰矿中 MnO_2 的质量分数。

22. 称取苯酚试样 0.408 2g,用 NaOH 溶解后,移入 250.0mL 容量瓶中,加水稀释至刻度,摇匀。吸取 25.00mL,加入溴酸钾标准溶液($KBrO_3+KBr$)25.00mL,然后加入 HCl 及 KI。待析出 I_2 后,再用 0.108 4mol·L^{-1} $Na_2S_2O_3$ 标准溶液滴定,用去 20.04mL。另取 25.00mL 溴酸钾标准溶液做空白试验,消耗同浓度的 $Na_2S_2O_3$ 41.60 mL。试计算试样中苯酚的质量分数。

23. 燃烧不纯的 Sb_2S_3 试样 0.167 5g,将所得的 SO_2 通入 $FeCl_3$ 溶液中,使 Fe^{3+} 还原为 Fe^{2+}。再在稀酸条件下用 0.019 85mol·L^{-1} KMnO$_4$ 标准溶液滴定 Fe^{2+},用去 21.20mL。问试样中 Sb_2S_3 的质量分数为多少?

参　考　答　案

一、单选题

1. B　　2. C　　3. D　　4. B　　5. C　　6. E　　7. C　　8. C　　9. C　　10. D

11. A　　12. E　　13. D　　14. A　　15. A　　16. A　　17. D　　18. A　　19. A　　20. A

21. B

二、填空题

1. $\Delta\varphi^{\theta}>0.36$, $\Delta\varphi^{\theta}>0.27$ 2. 碘量法,高锰酸钾法,亚硝酸钠法   3. 草酸,草酸钠

4.

溶液	$KMnO_4$	$Na_2S_2O_3$
基准物	$Na_2C_2O_4$	$K_2Cr_2O_7$
指示剂	自身指示剂	淀粉指示剂

三、简答题

1. 答:(1) 标准电极电位 E^{θ} 是指在一定温度条件下(通常为25℃)半反应中各物质都处于标准状态,即离子、分子的浓度(严格讲应该是活度)都是 $1mol\cdot L^{-1}$(或其比值为1)(如反应中有气体物质,则其分压等于 $1.013\times10^5 Pa$,固体物质的活度为1)时相对于标准氢电极的电极电位。

(2) 电对的条件电极电位($E^{\theta'}$)是当半反应中氧化型和还原型的浓度都为1或浓度比为1,并且溶液中其他组分的浓度都已确知时,该电对相对于标准氢电极的电极电位(且校正了各种外界因素影响后的实际电极电位,它在条件不变时为一常数)。由上可知,显然条件电位是考虑了外界的各种影响,进行了校正。而标准电极电位则没有校正外界的各种因素。

(3) 影响条件电位的外界因素有以下三个方面:① 配位效应;② 沉淀效应;③ 酸浓度。

2. 答:一般讲,两电对的条件电位差大于 $0.36V$($K>10^6$),这样的氧化还原反应,可以用于滴定分析。实际上,当外界条件(例如介质浓度、酸度等)改变时,电对的标准电位是要改变的,因此,只要能创造一个适当的外界条件,使两电对的条件电位差超过 $0.36V$,那么这样的氧化还原反应也能应用于滴定分析。但是并不是平衡常数大的氧化还原反应都能应用于氧化还原滴定中。因为有的反应 K 虽然很大,但反应速度太慢,亦不符合滴定分析的要求。

3. 答:影响氧化还原反应速率的主要因素有以下几个方面:①反应物的浓度;②温度;③催化反应和诱导反应。

4. 答:(1) 高锰酸钾法

$$2MnO_4^-+5H_2O_2+6H^+ = 2Mn^{2+}+5O_2\uparrow+8H_2O$$

$$MnO_2+H_2C_2O_4+2H^+ = Mn^{2+}+2CO_2+2H_2O$$

(2) 重铬酸甲法

$$Cr_2O_7^{2-}+14H^++Fe^{2+} = 2Cr^{3+}+Fe^{3+}+7H_2O$$

$$CH_3OH+Cr_2O_7^{2-}+8H^+ = CO_2\uparrow+2Cr^{3+}+6H_2O$$

(3) 碘量法

$$3I^2+6OH^- = IO_3^-+3H_2O,$$

$$2S_2O_3^{2-}+I_2 = 2I^-+2H_2O$$

$$Cr_2O_7^{2-}+6I^-+14H^+ = 3I_2+3Cr^{3+}+7H_2O$$

5. 答:应用于氧化还原滴定法的反应,必须具备以下几个主要条件:

(1) 反应平衡常数必须大于 10^6,即 $\Delta E>0.36V$。

（2）反应迅速,且没有副反应发生,反应要完全,且有一定的计量关系。

（3）参加反应的物质必须具有氧化性和还原性或能与还原剂或氧化剂生成沉淀的物质。

（4）应有适当的指示剂确定终点。

6. 答:氧化还原滴定曲线中突跃范围的长短和氧化剂与还原剂两电对的条件电位(或标准电位)相差的大小有关。电位差 ΔE 较大,突跃较长,一般讲,两个电对的条件电位或标准电位之差大于 0.36V 时,突跃范围才明显,才有可能进行滴定,ΔE 值大于 0.36V 时,可选用氧化还原指示剂(当然也可以用电位法)指示滴定终点。

当氧化剂和还原剂两个半电池反应中,转移的电子数相等,即 $n_1 = n_2$ 时,则化学计量点的位置恰好在滴定突跃的中(间)点。如果 $n_1 \neq n_2$,则化学计量点的位置偏向电子转移数较多(即 n 值较大)的电对一方;n_1 和 n_2 相差越大,化学计量点偏向越多。

7. 答:酸碱滴定、配位滴定和氧化还原滴定的滴定曲线的共性是:

（1）在滴定剂不足 0.1% 和过量 0.1% 时,三种滴定曲线均能形成突跃。

（2）均是利用滴定曲线的突跃,提供选择指示剂的依据。其特性是:酸碱滴定曲线是溶液的 pH 值为纵坐标,配位滴定的滴定曲线以 pM 为纵坐标,而氧化还原滴定曲线是以 E 值为纵坐标,其横坐标均是加入的标准溶液。

8. 答:高锰酸钾在强酸性条件下被还原成 Mn^{2+},表现为强氧化剂性质,常利用高锰酸钾的强氧化性,作为滴定剂,进行氧化还原滴定。

9. 答:高锰酸钾试剂中常含有少量的 MnO_2 和痕量 Cl^-,SO_3^{2-} 或 NO_2^- 等,而且蒸溜水也常含有还原性物质,它们与 MnO_4^- 反应而析出 MnO_2 沉淀,故不能用 $KMnO_4$ 试剂直接配制标准溶液。只能配好溶液后标定。

10. 答:由方程式 $2MnO_4^- + 5C_2O_4^{2-} + 14H^+ = 2Mn^{2+} + 10CO_2 + 7H_2O$ 可知 1mol $KMnO_4$ 相当于 2.5mol$C_2O_4^{2-}$。

11. 答:影响氧化还原反应速率的主要因素有以下几个方面:1)反应物的浓度;2)温度;3)催化反应和诱导反应。

12. 答:氧化还原滴定中指示剂分为三类:

（1）氧化还原指示剂。是一类本身具有氧化还原性质的有机试剂,其氧化型与还原型具有不同的颜色。进行氧化还原滴定时,在化学计量点附近,指示剂或者由氧化型转变为还原型,或者由还原型转变为氧化型,从而引起溶液颜色突变,指示终点。

（2）自身指示剂。利用滴定剂或被滴定液本身的颜色变化来指示终点。

（3）专属指示剂。其本身并无氧化还原性质,但它能与滴定体系中的氧化剂或还原剂结合而显示出与其本身不同的颜色。

13. 答:碘量法的主要误差来源有以下几个方面:①标准溶液的遇酸分解;②碘标准溶液的挥发和被滴定碘的挥发;③空气对 KI 的氧化作用;④滴定条件的不适当。

由于碘量法使用的标准溶液和它们之间的反应必须在中性或弱酸性溶液中进行。因为在碱性溶液中,将会发生副反应

$$S_2O_3^{2-} + 4I_2 + 10OH^- = 2SO_4^{2-} + 8I^- + 5H_2O$$

而且在碱性溶液中还会发生歧化反应

$$3I_2 + 6OH^- = IO_3^- + 5I^- + 3H_2O$$

如果在强碱性溶液中,溶液会发生分解

$$S_2O_3^{2-} + 2H^+ = SO_2 \uparrow + S \downarrow + H_2O$$

同时,在酸性溶液中也容易被空气中的氧所氧化

$$4I^- + 4H^+ + O^2 = 2I_2 + 2H_2O$$

基于以上原因,所以碘量法不适宜在高酸度或高碱度介质中进行。

14. 答:它们作滴定剂的优缺点见下表:

	$KMnO_4$	$k_2Cr_2O_7$	$Ce(SO_4)_2$
优点	酸性条件下氧化性强,可以直接或间接滴定许多有机物和无机物,应用广泛,且可作为自身指示剂	易提纯且稳定,可直接配制,可长期保存和使用,在 HCl 中可以直接滴定 Fe^{2+}	易提纯,可直接配制,稳定,可长期放置,可在 HCl 中滴定 Fe^{2+} 而不受影响,反应简单,副反应少
缺点	其中常含有少量杂质,其易与水和空气等还原性物质反应,标准溶液不稳定,标定后不易长期使用,不能用还原剂直接滴定来测 MnO_4	本身显橙色,指示灵敏度差,且还原后显绿色掩盖橙色,不能作为自身指示剂	价钱昂贵

15. 答:分别测定 AsO_3^{3-} 和 AsO_4^{3-} 碘量法分析方案如下:

(1) 于 AsO_4^{3-},AsO_3^{3-} 的混合溶液中,在酸性条件下,加过量 KI,此时 AsO_4^{3-} 与 I^- 反应

$$AsO_4^{3-} + 2I^- + 2H^+ = AsO_3^{3-} + I_2 + H_2O$$

析出的 I_2 用 $Na_2S_2O_3$ 标准溶液滴定

$$I_2 + 2S_2O_3^{2-} = 2I^- + S_4O_6^{2-}$$

由 $Na_2S_2O_3$ 溶液的浓度($c_{Na_2S_2O_3}$)和用去的体积($V_{Na_2S_2O_3}$)即可求得 AsO_4^{3-} 的含量。另外,在取一定量的 AsO_4^{3-} 和 AsO_3^{3-} 混合溶液,加 $NaHCO_3$,在 pH = 8.0 的条件下,用 I_2 标准溶液滴定溶液的 AsO_3^{3-}

$$AsO_3^{3-} + I_2 + 2HCO_3^- =\!=\!= AsO_4^{3-} + 2I^- + 2CO_2 \uparrow + H_2O \ (pH = 8.0)$$

根据 I_2 溶液的浓度(c_{I_2})和消耗的体积(V_{I_2})即可求 AsO_3^{3-} 的量。

(2) 测定步骤:

1) AsO_4^{3-} 的测定:移取混合试液 25.00mL 于锥形瓶中,加酸和过量 KI。析出的 I_2,用 $Na_2S_2O_3$ 标准溶液滴定,快到终点时加入淀粉指示剂,继续用 $Na_2S_2O_3$ 滴定,终点时溶液由蓝色变为无色。由下式计算 AsO_4^{3-} 的含量[以 $g \cdot (mL)^{-1}$ 表示]

$$AsO_4^{3-} = \frac{c_{Na_2S_2O_3} \times V_{Na_2S_2O_3} \times \frac{1}{100} \times \frac{1}{2} \times M_{AsO_4^{3-}}}{25.00}$$

2) AsO_3^{3-} 的测定:量取 AsO_3^{3-} 和 AsO_4^{3-} 混合溶液 25.00mL,若试液为碱性,可取酸调至微酸性后,加一定量 $NaHCO_3$,用 I_2 标准溶液滴定 AsO_3^{3-},用淀粉作指示剂,终点时溶液由无色变为蓝色,然后由下式计算 AsO_3^{3-} 的含量(以 g/mL 表示)

$$AsO_3^{3-} = \frac{c_{I_2} \times V_{I_2} \times \frac{1}{100} M_{AsO_3^{3-}}}{25.00}$$

16. 答:选用 $Fe_2(SO_4)_3$ 氧化剂即能满足上述要求,因为

$$E^0_{MnO_4^-/Mn^{2+}} = 1.51V$$

$$E^0_{Fe^{3+}/Fe^{2+}} = 0.771V$$

$$E^0_{Cl_2/2Cl^-} = 1.395V$$

$$E^0_{Br_2/Br^-} = 1.087V$$

$$E^0_{I_2/I^-} = 0.621V$$

由标准电极电位可知:$E^0_{Fe^{3+}/Fe^{2+}}$ 的电位低于 $E^0_{Cl_2/2Cl^-}$ 而 $E^0_{Br_2/Br^-}$ 高于 $E^0_{I_2/I^-}$ 故只能将氧化为 I_2,而不能将 Cl^- 和 Br^- 氧化。如果选用 $KMnO_4$ 时则能将其氧化。

四、计算题

1. 解:经查表在 $1mol \cdot L^{-1}$ 的溶液中,$E^0_{Ag^+/Ag} = 0.7994V$

∵
$$E = E^0_{Ag^+/Ag} + 0.0592 \times lg \frac{[Ag^+]}{[Ag]} = 0.7994 + 0.0592 \times lg[Ag^+]$$

又∵
$$[Cl^-] = 1mol \cdot L^{-1} \quad K_{SP[AgCl]} = \frac{1}{1.8} \times 10^{10}$$

∴
$$E = 0.7994 + 0.0592 \times lg \frac{1}{1.8} \times 10^{10} = 0.22V$$

2. 解:$1mol \cdot L^{-1}$ 的 HCL 介质中 $E^0 = 1.00V$

$$Cr_2O_7^{2-} + 14H^+ + 6e^- = 2Cr^{3+} + 7H_2O$$

当
$$c_{Cr(VI)} = 0.10mol \cdot L^{-1}, c_{Cr(III)} = 0.020mol \cdot L^{-1} 时$$

$$E = E^0_{Cr(VI)/Cr(III)} + \frac{0.059}{6} lg \frac{c_{Cr(VI)}}{c_{Cr(III)}} = 1.02V$$

$$= 1.01V$$

3. 解:已知 $E^0_{Zn^{2+}/Zn} = -0.763V$,$Zn-NH_3$ 络合物的 $lg\beta_1 \sim lg\beta_4$ 分别为 2.27,4.61,7.01,9.06。

$[HO^-] = 10^{-4}$,$pK_a = 9.26$

1)
$$pH = pK_a + lg[NH_3]/[NH_4^+]$$
$$10.0 = 9.26 + lg[NH_3]/[NH_4^+] \tag{1}$$
$$c_{NH_3} = [NH_4^+] + [NH_3] = 0.20 \tag{2}$$

式(1),(2)联立解得 $[NH_3] = 0.169mol \cdot L^{-1}$

∵ $\alpha_{Zn} = 1 + \beta_1[NH_3] + \beta_2[NH_3]^2 + \beta_3[NH_3]^3 + \beta_4[NH_3]^4 = 1 + 10^{2.27} \times 0.169 + 10^{4.61} \times$
$$(0.169)^2 + 10^{7.01} \times (0.169)^3 + 10^{9.06} \times (0.169)^4$$

$$= 9.41 \times 10^5$$

∴
$$E = E^0 + \frac{0.059}{2} \times lg \frac{1}{\alpha_{Zn}} = -0.763 + \frac{0.059}{2} \times lg \frac{1}{9.41 \times 10^5} = -0.94V$$

2) 若 $[Zn^{2+}] = 0.020mol \cdot L^{-1}$,则 $E = -0.94 + \frac{0.059}{2} \times lg0.02 = -0.99V$

4. 解:在酸性溶液中的反应为,$MnO_4^- + 4H^+ + 5e^- = Mn^{2+} + 4H_2O$,经查表 $E^0 = 1.51V$

当
$$[H^+] = 2.0mol \cdot L^{-1}, E = E^0 + \frac{0.059}{5} \times lg[H^+]^8 = 1.54V$$

当　　　　　　　　$[H^+] = 0.01\text{mol} \cdot L^{-1}, E = E^0 + \dfrac{0.059}{2} \times \lg[H^+]^8 = 1.32V。$

5. 解:已知 $E^0_{Fe^{3+}/Fe^{2+}} = 0.70V$，$E^0_{Sn^{4+}/Sn^{2+}} = 0.14V$

对于反应　　　　　　　　　　　　$2Fe^{3+} + Sn^{4+} = 2Fe^{2+} + Sn^{2+}$

则

$$\lg K' = \frac{n(E^0_1 - E^0_2)}{0.059} = \frac{2 \times (0.70 + 0.14)}{0.059} = 18.98$$

$$K' = 9.5 \times 10^5$$

6. 解:1) $MnO_4^- + 5Fe^{2+} + 8H^+ = Mn^{2+} + 5Fe^{3+} + 4H_2O$

当 $f = 0.5$ 时

$$f = \frac{5[MnO_4^-]}{[Fe^{2+}]} \times \frac{V}{V_0} = 0.50$$

$$V = 0.50V_0$$

又因为

$$E = E^0_{Fe_3/Fe_2} + 0.059 \lg \frac{[Fe^{3+}]}{[Fe^{2+}]}$$

$$E^0 = 0.73V$$

$$[Fe^{3+}] = 5[Mn^{2+}] = 5 \times \frac{0.020\,00 \times 0.50V_0}{0.50V_0 + V_0} = 3.3 \times 10^{-2} (\text{mol} \cdot L^{-1})$$

$$[Fe^{2+}] = \frac{0.10 \times V_0 - 5V \times 0.02}{0.50V_0 + V_0}$$

$$[Fe^{2+}] = \frac{0.10 \times V_0 - 5 \times 0.5V_0 \times 0.02}{0.50V_0 + V_0} = 3.3 \times 10^{-2} (\text{mol} \cdot L^{-1}) [Fe^{3+}]$$

$$\therefore E = 0.73 + 0.059 \times \lg \frac{3.3 \times 10^{-2}}{3.3 \times 10^{-2}} = 0.73V。$$

同理可得:2) $E = 1.33V$,

3) $E = 1.45V$。

7. 解:用 Fe^{3+} 标准溶液滴定 Sn^{2+} 的反应如下

$$2Fe^{3+} + Sn^{2+} = 2Fe^{2+} + Sn^{4+}$$

在 $1\text{mol} \cdot L^{-1}$ HCl 介质中

$$E_{Sn^{4+}/Sn^{2+}} = 0.14V \quad E^0_{Fe^{3+}/Fe^{2+}} = 0.70V$$

化学计量点 Sn^{2+} 前剩余 0.1% 时

$$E = E_{Sn^{4+}/Sn^{2+}} + (0.059/2) \lg \frac{c_{Sn^{4+}}}{c_{Sn^{2+}}}$$

$$= 0.14 + (0.059/2) \lg 99.9/0.1$$

$$= 0.23V$$

当 Fe^{3+} 过量 0.1% 时

$$E = E^0_{Fe^{3+}/Fe^{2+}} + 0.059 \log \frac{c_{Fe^{3+}}}{c_{Fe^{2+}}}$$

$$= 0.70 + 0.059 \log \frac{0.1}{99.9}$$

$$= 0.52V$$

故其电位的突跃范围为 $0.23 \sim 0.52V$

化学计量点时的电位可由

$$E_{SP} = (n_1 E_1 + n_2 E_2)/(n_1 + n_2)$$
$$= (0.70 + 2 \times 0.14)/3$$
$$= 0.33V$$

在此滴定中应选用次甲基蓝作指示剂,$E_{In} = 0.36V$,由于 $E_{SP} \neq E_{In}$ 故滴定终点和化学计量点不一致。

8. 解:反应:

$$Cr_2O_7^{2-} + 14H^+ + 6Fe^{2+} = 2Cr^{3+} + 6Fe^{3+} + 7H_2O$$

又∵

$$E_{SP} = \frac{6 \times E^0_{Cr_2O_7^{2-}/Cr^{3+}} + 1 \times E^0_{Fe^{3+}/Fe^{2+}}}{7} + \frac{0.059}{7} \log \frac{[H^+]^{14}}{2 \times [Cr^{3+}]}$$

$$= \frac{6 \times E^0_{Cr_2O_7^{2-}/Cr^{3+}} + 1 \times E^0_{Fe^{3+}/Fe^{2+}}}{7} + \frac{0.059}{7} \log \frac{[H^+]^{14}}{2 \times [Cr^{3+}]}$$

在化学计量点时,$[Cr^{3+}] = 0.100\ 0 mol \cdot L^{-1}$

1) 在 $1 mol \cdot L^{-1}$ HCl 中

$$E_{SP} = \frac{1}{7} \left(6 \times 1.00 + 1 \times 0.70 + 0.059 \log \frac{1}{2 \times 0.100\ 0} \right) = 0.96V$$

2) $\qquad 1 mol \cdot L^{-1} HCl - 0.5 mol \cdot L^{-1} H_3PO_4$

$$E_{SP} = \frac{1}{7} \left(1.00 \times 6 + 1 \times 0.51 + 0.059 \log \frac{1}{2 \times 0.100\ 0} \right) = 0.94V$$

9. 解:

$$n_{KHC_2O_4H_2O} = 0.201\ 2 \times 25.20 \times 10^{-3}$$

$$c_{KMnO_4} V_{KMnO_4} \times 5 = n_{KHC_2O_4H_2O} \times 2$$

∴

$$c_{KMnO_4} = \frac{0.201\ 2 \times 25.20 \times 10^{-3} \times 2}{30.00 \times 10^{-3} \times 5} = 0.067\ 60 mol \cdot L^{-1}$$

10. 解:$MnO_4^- + 5Fe^{2+} + 8H^+ = Mn^{2+} + 5Fe + 4H_2O$

(1) $\qquad T = c \times M/1000 \times b/a$

$\qquad T = 0.024\ 84 \times 55.85 \times 5 \times 10^{-5} = 0.069\ 37 g/mol$

(2) $\qquad T = 0.024\ 84 \times 10^{-3} \times 2.5 \times 159.69 = 0.009\ 917 g/mol$

(3) $\qquad T = 0.024\ 84 \times 10^{-3} \times 1 \times 5 \times 278.03 g/mol = 0.034\ 53 g/mol$

11. 解:$\qquad \dfrac{0.264\ 3}{197.84} \times 2 \times 2 = 5 \times 40.46 \times 10^{-3} \times c \qquad c = 0.026\ 41 mol \cdot L^{-1}$

12. 解:

$$Fe_2O_3 \sim 2Fe^{3+} \sim 2Fe^{2+}$$

$$MnO_4^- + 5Fe^{2+} + 8H^+ = Mn^{2-} + 5Fe^{3+} + 4H_2O$$

$$2MnO_4^- + 5C_2O_4^{2-} + 6H^+ = 2Mn^{2-} + 10CO_2 \uparrow + 8H_2O$$

$$2MnO_4^- + 5H_2O_2 + 6H^+ = 2Mn^{2-} + 5O_2 \uparrow + 8H_2O$$

$$5Fe_2O_3 \sim 10\ Fe^{2+} \sim 2MnO_4^-$$

（1）求 $KMnO_4$ 的浓度 c

$$1 \times 5 \times \frac{1}{1000} \times c = \frac{0.012\ 60}{126.07} \times 2$$

$$c = 0.040\ 00 \text{mol} \cdot L^{-1}$$

$$\omega_{Fe_2O_3} = \left[\left(2.5 \times 24.50 \times 0.040\ 00 \times \frac{1}{1000} \times 159.69 \right) / 0.500\ 0 \right] \times 100\% = 78.25\%$$

$$\omega_{Fe} = \left[\left(5 \times 24.50 \times 0.04 \times \frac{1}{1000} \times 55.85 \right) / 0.500\ 0 \right] \times 100\% = 53.73\%$$

（2）先求得浓度

$$2c_{H_2O_2} \times V_{H_2O_2} = 5c_{KMnO_4} \times V_{KMnO_4}$$

$$2c_{H_2O_2} \times 20.00 = 5 \times 0.040\ 00 \times 21.18$$

$$c_{H_2O_2} = 0.105\ 9 \text{mol} \cdot L^{-1}$$

$$100.0 \text{mL 市售双氧水所含 } H_2O_2 \text{ 的质量} = \frac{0.105\ 95 \times 250 \times 10^{-3} \times 34.02}{3} \times 100$$

$$= 30.00 \text{g}/100 \text{mL}$$

13. 解：$n_{总} = 0.250\ 0 \times 20 \times 10^{-3} = 5 \times 10^{-3} \text{mol}$ $n_{过} = 0.04 \times 10 \times 10^{-3} \times \frac{5}{2} = 1 \times 10^{-3} \text{mol}$

$$n_{沉} = 0.04 \times 30 \times 10^{-3} \times \frac{5}{2} = 5 \times 10^{-3} \text{mol}$$

$$n_{还} = 5 \times 10^{-3} - 10^{-3} - 3 \times 10^{-3} = 5 \times 10^{-3} \text{mol}$$

$$n_{PbO_2} = 10^{-3} \times 2/2 = 10^{-3} \text{mol}$$

$$PbO_2\% = \frac{10^{-3} \times 239.2}{1.234} \times 100\% = 19.38\%$$

$$n_{Pb} = 2 \times 10^{-3} \text{mol}$$

$$Pb\% = \frac{2 \times 10^{-3} \times 223.2}{1.234} \times 100\% = 36.18\%$$

14. 解：

$$Pb_3O_4 + 2Fe^{2+} + 8H^+ = 3Pb^{2+} + 2\ Fe^{3+} + 4H_2O$$

$$MnO_4^- + 5Fe^{2+} + 8H^+ = Mn^{2-} + 5Fe^{3+} + 4H_2O$$

$$5Pb_3O_4 \sim 10\ Fe^{2+} \sim 2MnO_4^-$$

$$\omega_{Pb_3O_4} = \frac{\frac{5}{2} \times (V_1 - V_2) \times c \times 10^{-3} \times M}{m_s}$$

$$\omega_{Pb_3O_4} = \frac{\frac{5}{2} \times (48.05 - 3.05) \times 0.040\ 00 \times 10^{-3} \times 685.6}{3.500}$$

$$= 88.15\%$$

15. 解： $n_{过} = \frac{5}{2} \times 0.021\ 60 \times 30.47 \times 10^{-3}$ $n_{总} = \frac{0.704\ 9}{134}$

$$(n_{总} - n_{过}) \times 2 = 2n \quad n = 3.615 \times 10^{-3}$$

$$MnO_2\% = \frac{3.615 \times 10^{-3} \times 86.94}{0.526\ 1} \times 100\% = 59.74\%$$

16. 解：

$$Cr_2O_7^{2-} + 6Fe^{2+} + 14H^+ = 2Cr^{3+} + 6Fe^{3+} + 14H_2O$$

$$\frac{m}{294.18} = c \qquad cV \times \frac{1}{1000} \times 6 = nFe$$

$$A\% = \frac{cV \times \frac{1}{1000} \times 55.85}{1} \qquad A = V$$

$$c = \frac{10}{6 \times 55.85} mol \cdot L^{-1} = 0.029\ 84$$

$$= 0.029\ 84 \times 294.18 = 8.778g$$

17. 解：

$$n_{过} = \frac{15.05 \times 0.006\ 023}{55.85} = 1.623 \times 10^{-3} mol$$

$$n_{总} = 50 \times 10^{-3} \times 0.120\ 2 = 6.01 \times 10^{-3} mol$$

$$n_{沉} = 4.387 mol$$

$$n = \frac{4.387}{6} = 0.731\ 2 mol$$

$$Cr\% = \frac{0.731\ 2 \times 2 \times 51.99}{0.489\ 7} \times 100\% = 15.53\%$$

$$Cr_2O_3\% = \frac{0.731\ 2 \times 151.99}{0.489\ 7} \times 100\% = 22.69\%$$

18. 解：

$$Cr_2O_7^{2-} + 6I^- + 14H^+ = 2Cr^{3+} + 3I_2 + 7H_2O$$

$$2S_2O_3^{2-} + I_2 = 2I^- + S_4O_6^{2-}$$

$$Cr_2O_7^{2-} \sim 3I_2 \sim 6\ S_2O_3^{2-}$$

$$\frac{0.196\ 3}{294.18} \times 6 = 33.61 \times c \times 10^{-3}$$

$$c = 0.119\ 1 mol \cdot L^{-1}$$

19. 解：因为

$$As_2O_5 \rightarrow ASO_4^{3-}$$

$$ASO_3^{3-} + I_2 \rightarrow As^{5+} \qquad As^{5+} + I^- \rightarrow As^{3+}$$

$$nAs^{3+} = 0.051\ 50 \times 15.80 \times 10^{-3}$$

所以

$$NaHAsO_3\% = \frac{0.051\ 50 \times 15.80 \times 10^{-3} \times 169.91}{0.25} \times 100\% = 55.30\%$$

$$n_{As_2O_5} = 0.5 \times (0.130\ 0 \times 20.70 \times 0.5 \times 10^{-3} - 0.051\ 50 \times 15.80 \times 10^{-3}) = 0.513\ 8$$

$$As_2O_5\% = \frac{\frac{1}{2} \times 0.513\ 8 \times 229.84 \times 10^{-3}}{0.25} \times 100\% = 24.45\%$$

20. 解：

$$2CrO_4^{2-} + 2H^+ = Cr_2O_7^{2-} + H_2O$$

$$Cr_2O_7^{2-} + 6I^- + 14H^+ = 2Cr^{3+} + 3I_2 + 7H_2O$$

$$2S_2O_3^{2-} + I_2 = 2I^- + S_4O_6^{2-}$$

$$2CrO_4^{2-} \sim Cr_2O_7^{2-} \sim 6I^- \sim 3I_2 \sim 6\ S_2O_3^{2-}$$

$$CrO_4^{2-} \sim 3I^- \qquad CrO_4^{2-} \sim 3\,S_2O_3^{2-}$$

剩余 K_2CrO_4 的物质的量 $n_{K_2CrO_4} = 0.102\,0 \times 10.23 \times \dfrac{1}{3} \times 10^{-3} = 3.478 \times 10^{-4}$

K_2CrO_4 的总物质的量 $n = \dfrac{0.194}{194.19} = 10^{-3}\,\text{mol}$

与试样作用的 K_2CrO_4 的物质的量 $n = 6.522 \times 10^{-4}$

$$\omega_{KI} = \frac{0.652\,2 \times 10^{-3} \times 3 \times 166.00}{0.350\,4} \times 100\% = 92.70\%$$

21. 解：
$$\omega_{MnO_2} = \frac{\dfrac{1}{2} \times 20.02 \times 0.105\,2 \times 10^{-2} \times 86.94}{1.025} \times 100\% = 89.32\%$$

22. 解：有关的反应式为

$$BrO_3^- + 5Br^- + 6H^+ = 3Br_2 + 3H_2O$$
$$3Br_2 + C_6H_5OH = C_6H_2Br_3OH + 3HBr$$
$$Br_2 + 2I^- = I_2 + 2Br^-$$
$$2S_2O_3^{2-} + I_2 = 2I^- + S_4O_6^{2-}$$

可知：
$$BrO_3^- \sim C_6H_5OH \sim 6S_2O_3^{2-},$$
则

$$c_{KBrO_3} \times V_{KBrO_3} = \frac{1}{6} \times c_{Na_2S_2O_3} \times V_{Na_2S_2O_3}$$

得

$$c_{KBrO_3} = \frac{41.60 \times 0.108\,4}{6 \times 25.00} = 0.030\,06\,\text{mol} \cdot \text{L}^{-1}$$

故苯酚在试样中的含量为

$$\omega_{C_6H_5OH} = \frac{\left(c_{KBrO_3} - \dfrac{1}{6} \times c_{Na_2S_2O_3} V_{Na_2S_2O_3}\right) \times M_{C_6H_5OH}}{m_s} \times 100\%$$

$$= \frac{\left(0.030\,06 \times 25.00 - \dfrac{1}{6} \times 0.108\,4 \times 24.04\right) \times 94.14}{0.408\,2} \times 100\%$$

$$= 89.80\%$$

23. 解：因为
$$n_{Fe^{3+}} = n_{Fe^{2+}} = 21.20 \times 10^{-3} \times 0.019\,85 \times 5$$

$$n_{Fe^{3+}} = n_{SO_2} \times 2 \qquad 所以\ n_{SO_2} = \frac{1}{2}n_{Fe^{3+}}$$

$$Sb_2S_3\% = \frac{\dfrac{1}{3} \times \dfrac{1}{2} \times 21.20 \times 10^{-3} \times 0.019\,85 \times 5 \times 339.81}{0.1675} \times 100\% = 71.14\%$$

（孙　莲）

第八章 沉淀滴定法和重量分析法

复习要点

第一节 沉淀滴定法

1. 沉淀滴定法 沉淀滴定法是指以沉淀反应为基础的滴定分析法。

2. 用于沉淀滴定法的沉淀反应必须符合下列几个条件

(1) 生成的沉淀应具有恒定的组成,而且溶解度必须很小。

(2) 沉淀反应必须迅速、定量地进行。

(3) 能够用适当的指示剂或其他方法确定滴定的终点。

3. 银量法 银量法是利用生成难溶性银盐反应来进行测定的方法,称为银量法。以 Ag^+ 与 Cl^-,Br^-,I^-,CN^-,SCN^- 等离子生成微溶性银盐的沉淀反应为基础的滴定方法。

$$Ag^+ + Cl^- \Longrightarrow AgCl \downarrow$$
$$Ag^+ + SCN^- \Longrightarrow AgSCN \downarrow$$

一、银量法的基本原理

滴定曲线:以 $0.100\ 0\ mol \cdot L^{-1}$ $AgNO_3$ 标准溶液滴定 $20.00mL$ $0.100\ 0mol \cdot L^{-1}$ NaCl 溶液为例。

(1) 滴定前:溶液中 $[Cl^-]$ 决定于 NaCl 浓度,$[Cl^-] = 0.100\ 0\ mol \cdot L^{-1}$ 时 $pCl = -lg[Cl^-] = 1.00$。

(2) 滴定开始至化学计量点前

$$[Cl^-] = \frac{[V_{NaCl} - V_{AgNO_3}]c_{NaCl}}{V_{NaCl} + V_{AgNO_3}}$$

溶液中 $[Cl^-]$ 决定于剩余 NaCl 浓度。当滴入 $AgNO_3$ 溶液 $18.00mL$,$19.80mL$ 时,溶液的 pCl 值分别为 2.28,3.30。当滴入 $AgNO_3$ 溶液 $19.98mL$ 时,溶液的 pCl 值为 4.30。

(3) 化学计量点:溶液中 $[Cl^-]$ 来源于 AgCl 沉淀的离解,此时溶液的 $[Cl^-]$,$[Ag^+]$ 相等,即:

$$[Cl^-] = [Ag^+] = \sqrt{K_{SP,AgCl}} = \sqrt{1.8 \times 10^{-10}} = 1.34 \times 10^{-5} mol \cdot L^{-1}$$

(4) 计量点后:溶液中 $[Cl^-]$ 决定于过量 $AgNO_3$ 的量,过量 Ag^+ 由下式计算

$$[Ag^+] = \frac{[V_{AgNO_3} - V_{NaCl}] c_{AgNO_3}}{V_{NaCl} + V_{AgNO_3}} \quad , \quad [Cl^-] = K_{SP,AgCl}/[Ag^+]$$

当滴入 $AgNO_3$ 溶液 20.02mL 时(此时相对误差为+0.1%),溶液中

$$[Ag^+] = 5.00 \times 10^{-5} mol \cdot L^{-1}$$

$$pAg = 4.30$$

$$pCl = pK_{SP} - pAg = 9.74 - 4.30 = 5.44$$

根据 pCl 与滴定剂的体积做出沉淀滴定曲线,从滴定曲线(图 8-1)可看出,用 $0.100\,0\ mol \cdot L^{-1}$ $AgNO_3$ 标准溶液滴定 20.00mL $0.100\,0mol \cdot L^{-1}$ NaCl 溶液,误差在 -0.1% 到 $+0.1\%$,其滴定突跃区间为 $5.44 - 3.3 = 1.14$ pCl 个单位。

沉淀滴定的突跃区间与酸碱滴定、配位滴定一样,受浓度和 $K_{SP}(K_a, K_b$ 或 $K_{MY})$影响。

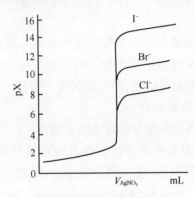

图 8-1　滴定曲线

二、银量法滴定终点的指示方法

1. 铬酸钾法[莫尔(Mohr)法]

铬酸钾法:用铬酸钾作指示剂,$AgNO_3$ 标准溶液滴定 Cl^-, CN^-。

(1) 原理:

$$Ag^+ + Cl^- = AgCl \downarrow (白色) \qquad 滴定反应$$

$$Ag^+ + CrO_4^{2-} = Ag_2CrO_4 \downarrow (砖红色) \qquad 指示剂反应$$

计量点时:

$$[Ag^+] = [Cl^-] = \sqrt{K_{SP}} = 10^{-4.7} = 1.25 \times 10^{-5} mol \cdot L^{-1}$$

(2) 指示剂浓度:K_2CrO_4 的最佳浓度为 $5.0 \times 10^{-3} mol \cdot L^{-1}$。

(3) 酸度:最适宜范围为 $pH = 6.5 \sim 10.5$(中性或弱碱性)。

(4) 适用范围:直接滴定 Cl^-, Br^-。

(5) 干扰:凡能与 CrO_4^{2-} 或 Ag^+ 生成沉淀的离子都干扰测定。如:$Ba^{2+}, Pb^{2+}, Hg^{2+}$ 以及 $PO_4^{3-}, AsO_4^{3-}, S^{2-}, C_2O_4^{2-}$ 等。

2. 铁铵矾法[佛尔哈德(Volhard)法]

铁铵矾:$NH_4Fe(SO_4)_2$ 为指示剂的银量法。

(1) 直接滴定法:在硝酸介质中,$NH_4SCN, KSCN$ 标液直接滴定试液中的 Ag^+。

计量点附近

$$Fe^{3+}+SCN^- \Longleftrightarrow [Fe(SCN)]^{2+}(红色)$$

指示终点,SP 前

$$Ag^+ + SCN^- \Leftrightarrow AgSCN\downarrow(白色) \quad K_{SP}=1.1\times10^{-12}$$

SP

$$Fe^{3+}+SCN^- \Leftrightarrow FeSCN^{2+}(淡棕红色)$$

(2) 返滴定法:以 $NH_4Fe(SO_4)_2 \cdot 12H_2O$ 为指示剂,同时使用 NH_4SCN(或 $KSCN$)和 $AgNO_3$ 两种标准溶液,测定 Cl^-,Br^-,I^-,SCN^- 等。其过程为样品溶液中加入过量标准 $AgNO_3$ 溶液,然后用 NH_4SCN 或 $KSCN$ 标准溶液滴定过量的 Ag^+,计算 Cl^-,Br^-,I^-,SCN^- 含量。

SP 前:

$$Ag^+(定过量)+Cl^- \to AgCl\downarrow(白色) \quad K_{SP}=1.8\times10^{-10}$$
$$Ag^+(剩余)+SCN^- \to AgSCN\downarrow(白色) \quad K_{SP}=1.1\times10^{-12}$$

SP

$$Fe^{3+}+SCN^- \to FeSCN^{2+}(淡棕红色)$$

(3) 测定条件:① 指示剂用量:$0.015mol \cdot L^{-1}$ 左右。② 酸度:酸性(HNO_3 为宜)溶液中,主要考虑 Fe^{3+} 的水解,pH 一般控制为 1 左右。③ 测 Cl^- 时,通常滤去沉淀或在沉淀表面覆盖一层硝基苯膜,减少 $AgCl \to AgSCN$ 转化反应,测 I^- 时指示剂应在加入过量 $AgNO_3$ 标准溶液后加入。否则会发生下面反应

$$2Fe^{3+}+2I^- \Longleftrightarrow 2Fe^{2+}+I_2$$

(4) 剧烈振荡:用 NH_4SCN 标准溶液滴定 Ag^+。

1) 原理

$$Ag^+ + SCN^- = AgSCN\downarrow(白) \quad 滴定反应$$
$$Fe^{3+} + SCN^- = FeSCN^{2+}(红) \quad 指示剂反应$$

2) 溶液酸度控制在 $0.1 \sim 1mol \cdot L^{-1}$ 之间,用硝酸控制酸度。

3. 吸附指示剂法[法扬司(Fajans)法]

吸附指示剂:吸附指示剂是一类有机染料,当它被吸附在胶粒表面之后,可能是由于形成某种化合物而导致指示剂分子结构的变化,因而引起颜色的变化。

(1) 测定原理:吸附指示剂通常是一种有机弱酸染料如荧光黄。现以 $AgNO_3$ 滴定 Cl^-,荧光黄为指示剂为例。

在计量点以前,溶液中存在着过量的 Cl^-,AgCl 沉淀吸附 Cl^- 而带负电荷,形成 $AgCl \cdot Cl^-$,荧光黄阴离子不被吸附,溶液呈黄绿色。当滴定到达计量点时,一滴过量的 $AgNO_3$ 使溶液出现过量的 Ag^+,则 AgCl 沉淀便吸附 Ag^+ 而带正电荷,形成 $AgCl \cdot Ag^+$。它强烈地吸附 FIn^-,荧光黄阴离子被吸附之后,结构发生了变化而呈粉红色。可用下面简式表示。

SP 前

$$HFl \Longleftrightarrow H^+ + Fl^-(黄绿色)$$
$$AgCl:Cl^- 吸附过量 Cl^-$$

SP 时:　　　　　　　大量 $AgCl:Ag^+:Fl^-$(淡红色) 双电层吸附

计量点前为黄绿色,计量点后为粉红色

(2) 测定条件:

a. 控制溶液酸度,保证 HFl 充分解离:pH>pK_a

例 荧光黄 pK_a 7.0——选 pH 7~10

曙红 pK_a2.0——选 pH>2

二氯荧光黄 pK_a4.0——选 pH4~10

b. 防止沉淀凝聚:由于吸附指示剂是吸附在沉淀表面上而变色,为了使终点的颜色变得更明显,就必须使沉淀有较大表面,这就需要把 AgCl 沉淀保持溶胶状态。所以滴定时一般都先加入糊精或淀粉溶液等胶体保护剂。

措施:加入糊精,保护胶体

c. 卤化银胶体对指示剂的吸附能力<对被测离子的吸附能力(反之终点提前,差别过大终点拖后)。

吸附顺序:$I^->SCN^->Br^->$曙红$>Cl^->$荧光黄。

例 测 $Cl^-\rightarrow$荧光黄 测 $Br^-\rightarrow$曙红

第二节 重量分析法概述

一、重量分析法的分类和特点

(1) 定义:用适当的方法先将试样中的待测组分与其他组分分离,然后用称重的方法测定该组分的含量。

(2) 步骤:待测组分与其他组分分离后,转化为称量形式,分为分离和称量两个过程。

(3) 分类:根据被测组分与其他组分分离方法的不同可分为两类:

1) 沉淀法:待测组分沉淀为难溶化合物,再将沉淀过滤、洗涤、烘干或灼烧,再转化为称量形式,称重。

$Ba^{2+}+SO_4^{2-}\rightarrow BaSO_4\downarrow$(沉淀形式) $\xrightarrow{800℃,灼烧} BaSO_4\downarrow$(称量形式)$Mg^{2+}+NH_3+HPO_4^-=MgNH_4PO_4\downarrow$(沉淀形式)$\xrightarrow{800℃,灼烧} Mg_2P_2O_7$(称量形式)。

2) 挥发法:利用待测组分的挥发性质,通过加热的方法使其从试样中挥发逸出。

例 测定湿存水或结晶水,加热烘干至恒重,试样减轻的质量或用干燥剂吸收水汽后增加的质量来确定水的质量。例如 $Na_2CO_3\cdot 10H_2O$。

(4) 特点:

优点:直接称量得到分析结果,不用基准物质比较,准确度高,RE<0.1%~0.2%。

缺点:操作繁琐、程序长、费时多。

二、重量分析法

重量分析法的分析过程和对沉淀的要求:利用沉淀反应进行重量分析时,通过加入适当的沉淀剂,使被测组分以适当的"沉淀形式"析出,然后过滤,洗涤,再将沉淀烘干或灼烧成"称量形式"称重,在重量分析中,"沉淀形式"与"称量形式"可能相同,也可能不同。

例 用 $BaSO_4$ 重量法测定钡离子或者硫酸根时,沉淀形式都是 $BaSO_4$,两者相同,而用 $MgNH_4PO_4$ 法测定镁离子时,沉淀形式是 $MgNH_4PO_4 \cdot 6H_2O$,烘干后转化为 $Mg_2P_2O_7$ 的形式称重,两者不同。

$$试样+沉淀剂 \rightarrow 沉淀 \xrightarrow{过滤、洗涤、灼烧} 称量形式$$

(1)对沉淀形式的要求:溶解度小,沉淀完全;纯度高,易转化为称量形式。

(2)对称量形式的要求:有确定的化学组成;沉淀形式便于过滤,洗涤,稳定,不受空气中水分、CO_2 和 O_2 的影响,摩尔质量大,减小称量误差。

三、沉淀的溶解度及其影响因素

1. 溶度积 难溶化合物 MA 在饱和溶液中的平衡可表示为

$$MA_{(固)} \rightleftharpoons M^+ + A^- \tag{1}$$

式中 $MA_{(固)}$ 表示固态的 MA,在一定温度下它的活度积 K_{SP} 是一常数,即

$$(\alpha_{M^+}) \times (\alpha_{A^-}) = K_{SP} \tag{2}$$

式中 α_{M^+} 和 α_{A^-} 是 M^+ 和 A^- 两种离子的活度,活度与浓度的关系是

$$\alpha_{M^+} = (\gamma_{M^+})[M^+] \tag{3}$$

$\alpha_{A^-} = (\gamma_{A^-})[A^-]$,式中 γ_{M^+} 和 γ_{A^-} 是两种离子的活度系数,它们与溶液中离子强度有关。将式(3)代入式(2)得

$$[M^+][A^-](\gamma_{M^+})(\gamma_{A^-}) = K_{SP} \tag{4}$$

在纯水中 MA 的溶解度很小,则:$[M^+] = [A^-] = S$ \hfill (5)

$$[M^+][A^-] = S^2 = K_{SP} \tag{6}$$

2. 影响沉淀溶解度的因素

(1)同离子效应:在含有难溶电解质固体的饱和溶液中,存在着固体与其解离出的离子间的平衡,称之为沉淀-溶解平衡。

(2)盐效应。

(3)酸效应。

(4)配合效应。

四、沉淀的类型和形成过程

1. 沉淀的类型(表8-1)

表8-1 沉淀的类型

按颗粒大小分	直径	特征	示例
晶形沉淀	$0.1 \sim 1\mu m$	排列规则,结构紧密	$BaSO_4$
凝乳状沉淀			$AgCl$
无定形沉淀	$<0.2\mu m$	无规则堆积,含水多,体积大	$Fe_2O_3 \cdot nH_2O$

晶形沉淀:内部排列较规则,结构紧密,整个沉淀所占体积较小,易沉降于容器底部。

无定形沉淀:由许多疏松聚集在一起的微小沉淀颗粒组成,排列杂乱无章,有时又包含大量数目的 H_2O 分子,所以是疏松的絮状沉淀。介于晶形沉淀与无定形沉淀之间的为凝乳状沉淀,颗粒大小 0.1>直径>0.02μm,如 AgCl。

属于何种沉淀,由沉淀性质决定,但沉淀条件也起很大的作用。

2. 沉淀的形成过程(图 8-2)

构晶离子—晶核—沉淀微粒:由沉淀性质和条件决定。

图 8-2　沉淀的形成过程

沉淀的形成一般经过晶核形成和晶核长大两个过程。将沉淀剂加入试液中,当形成沉淀的离子浓度乘积大于其 K_{SP},离子通过静电引力结合成一定数目的离子群,即为晶核。晶核形成后,构晶离子向晶核表面沉积,晶核就逐渐长大成微粒。

聚集速度 v:由离子聚集成晶核,再进一步积集成沉淀颗粒的速度。

定向速度 v':在聚集的同时,构晶离子又按一定晶格排列,这种定向排列速度。

若聚集速度 v 大,而定向排列速度 v' 小,即离子很快聚集来生成沉淀微粒,却来不及进行晶格排列,则得到的是无定形晶形沉淀。若 v 较小,而 V' 较大,即离子较慢地聚集成沉淀,有足够时间进行晶格排列,则得到晶形沉淀。v 由沉淀条件所决定。

五、影响沉淀纯净的因素

重量分析中,既要求沉淀溶解损失少,又要求必须沉淀纯净。但当沉淀析出时,会或多或少地夹杂溶液中的其他组分,使沉淀沾污,须了解沉淀时影响其纯度的诸因素,从而找出减少杂质的方法。

1. 共沉淀　当一种难溶物质从溶液中析出时,溶液中的某些可溶性杂质被沉淀带下来而混杂于沉淀中,这种现象称为共沉淀。

例　用 $BaCl_2$ 沉淀 SO_4^{2-} 时,若有 Fe^{3+} 存在,当析出 $BaSO_4$ 沉淀时,本来是可溶的 $Fe_2(SO_4)_3$ 也被夹在沉淀中。$BaSO_4$ 沉淀本来是白色的,而灼烧后混有棕黄色的 Fe_2O_3。产生共沉淀的原因主要有三类:

(1) 表面吸附引起的共沉淀(晶体表面电荷不平衡所致):

1) 在沉淀的内部,每个构晶离子都被带相反电荷的离子所包围,并按一定规律排列,整个沉淀内部处于静电平衡状态。但在沉淀表面上,至少有一个面没被包围,特别是棱、角处,表面离子电荷为不完全平衡,由于静电引力作用,使它们具有吸附带相反电荷离子的能力,形成吸附层。然后,吸附层的离子,通过静电引力再吸引溶液中其他带相反电荷的离子、组成扩散层。

2）吸附规律：①对吸附层：溶液中过量的构晶离子或与构晶离子大小相近，电荷相等的离子优先被吸附。②对扩散层：与吸附层离子生成微溶或离解度很小的化合物的离子，优先被吸附。离子的价态愈高，浓度愈大，越易被吸附。

（2）生成混晶共沉淀：在沉淀过程中，杂质离子占据沉淀中某些晶格位置而进入沉淀内部的现象叫混晶共沉淀。当杂质离子与构晶离子半径相近，形成的晶体结构相同时，杂质离子将混入沉淀的晶格中，生成混晶。如：$BaSO_4$-$PbSO_4$，$BaSO_4$-$KMnO_4$，$AgCl$-$AgBr$，$MgNH_4PO_4$-$MgNH_4AsO_4$，$BaCrO_4$-$RaCrO_4$生成混晶的选择性较高，要避免也是困难的，不论杂质离子浓度多么小，只要构晶离子形成了沉淀，杂质离子就会在沉淀过程中取代某一构晶离子而进入沉淀中。由于杂质进入了沉淀内部，用洗涤或陈化方法纯化沉淀，效果都不显著。为避免其生成，最好先分离除去之。

（3）吸留与包夹引起的共沉淀：

1）机械吸留指被吸附的杂质机械地嵌入沉淀之中。在沉淀过程中，若沉淀生成速度太快，则表面吸附的杂质离子来不及离开沉淀表面就被沉积上来的离子所覆盖，杂质就被包裹在沉淀内部，这种现象称为吸留。吸留从本质上讲也是一种吸附，它与吸附的选择性规律相同，即吸留引起的共沉淀程度符合吸附规律。

2）包夹常指母液直接被机械地包裹在沉淀中，吸留有选择性而包夹无选择性。这类共沉淀不能用洗涤来除去，因为它发生在沉淀内部，可借改变沉淀条件、陈化、重结晶的办法来减免。

2. 后沉淀（又称继沉淀）　在沉淀和母液一同放置的过程中，溶液中的某些可溶或微溶的杂质在原沉淀颗粒上慢慢沉淀的现象，称为后沉淀。这种现象大多发生在该组分的过饱和溶液中。

六、沉淀条件的选择

1. 晶形沉淀（稀、慢、搅、热、陈）

沉淀条件：

（1）稀：在稀溶液中沉淀。

（2）慢、搅：在不断搅拌下，慢慢加入沉淀剂，以避免"局部过浓"。

（3）热：应在热溶液中进行沉淀。

（4）陈：即陈化，在沉淀定量完成后，让母液与沉淀一起放置一段时间。

陈化过程中小颗粒逐渐溶解，大颗粒逐渐长大，也就是说小颗粒转化为大颗粒，而且还可使不完整的晶体转化为完整晶粒，亚稳态转化为稳定态沉淀；同时陈化可减小沉淀对杂质的吸附，因颗粒大了，吸附量小了，再则，原来吸附、吸留或夹杂的杂质亦将重新进入溶液中，可提高沉淀的纯度。但对伴随有混晶的共沉淀，不一定能提高纯度，对有后沉淀的沉淀，反而会降低其纯度。为使其颗粒大，减少包藏，关键是控制相对过饱和度。

2. 无定形沉淀（浓、热、电、不陈）　溶解度小，不可能减小相对过饱和度。关键是加速凝聚，防止胶溶，减少吸附。

（1）在浓的热溶液中沉淀。

（2）在电解质存在下沉淀,中和胶粒电荷。

（3）不陈化。

（4）趁热过滤。

3. 均匀沉淀法　加入到溶液中的试剂,通过化学反应,逐步而均匀地在溶液中产生沉淀剂,从而使沉淀在整个溶液中均匀地缓缓析出。这样可得到大颗粒沉淀。避免局部过饱和现象。

例　沉淀 $Fe(OH)_3$ 　　　$CO(NH_2)_2 + H_2O = CO_2\uparrow + 2NH_3$

控制温度可控制尿素水解速度,控制 $[OH^-]$ 产生的速度。

4. 本法特点

优点:得到的沉淀颗粒较大,表面吸附杂质少,易滤,易洗。

缺点:仍不能避免后沉淀和混晶共沉淀现象。

七、重量分析中的换算因数

重量分析是根据称量形式的质量来计算待测组分的含量。

换算因数是待测组分的摩尔质量与称量形式的摩尔质量之比。

$$换算因数 = \frac{aM_{被测物质}}{bM_{称量形式}}$$

强 化 训 练

一、单选题

1. 欲测定溶液中大量 Cl^- 的含量,选用以下哪种方法结果最佳(　　)

　　A. 配位滴定法　　　　　　B. 沉淀滴定法　　　　　　C. 氧化还原滴定法

　　D. 酸碱滴定法　　　　　　E. 电位法

2. 用铬酸钾指示剂法时,滴定应在以下哪种溶液中进行(　　)

　　A. pH＝6.5~10.5　　　　B. pH＝3.4~6.5　　　　C. pH>10.5

　　D. pH<2　　　　　　　　E. pH＝2

3. 用吸附指示剂法测定 Cl^- 时,应选用的指示剂是(　　)

　　A. 二甲基二碘荧光黄　　　B. 荧光黄　　　　　　　C. 甲基紫

　　D. 曙红　　　　　　　　　E. 酚酞

4. 下列测定中将产生正误差的是(　　)

　　A. Fajans 法(吸附指示剂法)测定 Cl^- 时加入糊精

　　B. 在硝酸介质中用 Volhard 法(铁铵矾法)测定 Ag^+

　　C. 测定 Br^- 时选用荧光黄作指示剂

　　D. 在弱碱性溶液中用 Mohr 法(铬酸钾法)测定 CN^-

　　E. 用银量法测定银离子

5. 用沉淀滴定法测定银,选用下列何种方式为宜(　　)

    A. 莫尔法(铬酸钾法)直接滴定　　　　B. 莫尔法间接滴定

    C. 佛尔哈德法(铁铵矾法)直接滴定　　D. 佛尔哈德法间接滴定

    E. 碘量法直接测定

6. 晶形沉淀的沉淀条件是,除了(　　)

    A. 在稀溶液中进行　　　　　　　　　B. 在不断搅拌下,慢慢加入滴定剂

    C. 应加入适当的电解质　　　　　　　D. 应在热溶液中进行

    E. 低温下进行

7. 获得沉淀后进行陈化的目的是(　　)

    A. 使沉淀颗粒长大

    B. 节省分析时间,节约试剂

    C. 提高溶液 pH

    D. 使溶液中的构晶离子更多地沉淀出来,使沉淀更完全

    E. 使沉淀颗粒更细

8. 用重量法测定铁的含量时,其称量形式为 Fe_2O_3,那么其换算因数为(　　)

    A. Fe / Fe_2O_3　　　　　　B. $Fe / 2 Fe_2O_3$　　　　　　C. $2Fe / Fe_2O_3$

    D. $Fe_2O_3 / 2Fe$　　　　　E. $3Fe / Fe_2O_3$

9. 用银量法测定卤素离子,下列操作错误的是(　　)

    A. Mohr 法不宜在氨碱性溶液中进行

    B. Volhard 法测定 Cl^- 时,当体系中 Cl^- 被完全沉淀后,将沉淀过滤后再滴定

    C. Volhard 法测定 I^- 时,先加指示剂再加一定量过量的 $AgNO_3$ 标准溶液

    D. Fajans 法测定 Cl^- 时,在滴定尚未开始前就在锥形瓶中加入少量糊精溶液

    E. Fajans 法测定 Cl^- 时,滴定过程中要避光

10. 下列说法中违背无定形沉淀条件的是(　　)

    A. 沉淀应在热溶液中进行　　　B. 沉淀应在浓的溶液中进行

    C. 沉淀应在不断搅拌下进行　　D. 沉淀应放置过夜使沉淀陈化

    E. 迅速加入沉淀剂

11. 在重量分析中,待测物质中含的杂质与待测物的离子半径相近,在沉淀过程中往往形成(　　)

    A. 混晶　　　　　B. 吸留　　　　　C. 包藏　　　　　D. 后沉淀　　　　　E. 结晶

12. 若 $BaCl_2$ 中含有 $NaCl$,KCl,$CaCl_2$ 等杂质,用 H_2SO_4 沉淀 Ba^{2+} 时,生成的 $BaSO_4$ 最易吸附何种离子(　　)

    A. Na^+　　　　　B. K^+　　　　　C. Ca^{2+}　　　　　D. H^+

13. 用莫尔法测定 Cl^- 含量时,要求介质的 pH 在 6.5~10 范围内,若酸度过高则(　　)

    A. AgCl 沉淀不完全　　　　　　　B. AgCl 吸附 Cl^- 增强

    C. Ag_2CrO_4 沉淀不易形成　　　　D. AgCl 沉淀易胶溶

14. 用莫尔法测定 Cl^- 含量时,要求介质的 pH 在 6.5~10.0 范围内,若酸度过低,则(　　)

    A. AgCl 沉淀不完全　　　　　　　B. AgCl 沉淀完全

C. AgCl 沉淀吸附 Cl^- 增强   D. Ag_2CrO_4 沉淀不易形成

15. 在酸性介质中,用 $KMnO_4$ 溶液滴定草酸盐溶液,滴定反应在(　　)

 A. 在室温下进行

 B. 将草酸盐溶液煮沸后,冷至 85℃ 再进行

 C. 将草酸盐溶液加热至 75~85℃ 时进行

 D. 将草酸盐加热至 65~75℃ 时进行

16. 以铁铵矾为指示剂,用 NH_4CNS 标准液滴定 Ag^+ 时,应在下列哪种条件下进行(　　)

 A. 酸性   B. 弱酸性   C. 中性

 D. 弱碱性   E. 碱性

17. 法扬司法中应用的指示剂其性质属于(　　)

 A. 配位   B. 沉淀   C. 酸碱   D. 吸附   E. 氧化还原

18. 沉淀的类型与定向速度有关,定向速度的大小主要相关因素是(　　)

 A. 离子大小   B. 物质的极性   C. 溶液浓度

 D. 相对过饱和度   E. 温度

19. 晶形沉淀的沉淀条件是(　　)

 A. 浓,冷,慢,搅,陈   B. 稀,热,快,搅,陈

 C. 稀,热,慢,搅,陈   D. 稀,冷,慢,搅,陈

二、填空题

1. 银量法根据所用指示剂不同可分为_____、_____和_____。

2. 写出换算因数表达式:

实验过程	换算因数表达式
测定 $KHC_2O_4 \cdot H_2C_2O_4 \cdot 2H_2O$ 纯度,将其沉淀为 CaC_2O_4,最后灼烧为 CaO	
测定试样中 Fe 含量,将 Fe 沉淀为 $Fe(OH)_3$,最后灼烧为 Fe_2O_3	

3. 沉淀滴定法中莫尔法的指示剂是_____。

4. 沉淀滴定法中莫尔法滴定酸度 pH 是_____。

5. 沉淀滴定法中佛尔哈德法的指示剂是_____。

6. 沉淀滴定法中佛尔哈德法的滴定剂是_____。

7. 沉淀滴定法中,法扬司法指示剂的名称是_____。

8. 沉淀滴定法中,莫尔法测定 Cl^- 的终点颜色变化是_____。

9. 用莫尔法只能测定_____和_____而不能测定_____和_____,这是由于_____。

10. 指出下列试剂的作用(填 A,B,C,D)。

 (1) 硝基苯_____   (2) 荧光黄_____

 (3) $Fe(NH_4)(SO_4)_2$_____   (4) K_2CrO_4_____

 A. 佛尔哈德法所需试剂   B. 用于法扬司法

C. 用于莫尔法　　　　　　　　　D. 用于改进佛尔哈德法

11. 获得晶型沉淀控制的主要条件是 _____。

三、简答题

1. 什么叫沉淀滴定法？沉淀滴定法所用的沉淀反应必须具备哪些条件？

2. 写出莫尔法、佛尔哈德法和法扬斯法测定 Cl^- 的主要反应，并指出各种方法选用的指示剂和酸度条件。

3. 用银量法测定下列试样：（1）$BaCl_2$，（2）KCl，（3）NH_4Cl，（4）$KSCN$，（5）$NaCO_3 + NaCl$，（6）$NaBr$，各应选用何种方法确定终点？为什么？

4. 在下列情况下，测定结果是偏高、偏低，还是无影响？并说明其原因。

　　（1）在 pH = 4 的条件下，用莫尔法测定 Cl^-。

　　（2）用佛尔哈德法测定 Cl^- 既没有将 $AgCl$ 沉淀滤去或加热促其凝聚，又没有加有机溶剂。

　　（3）同（2）的条件下测定 Br^-。

　　（4）用法扬司法测定 Cl^-，曙红作指示剂。

　　（5）用法扬司法测定 I^-，曙红作指示剂。

5. 晶体沉淀的沉淀条件有哪些？

6. 重量分析对沉淀的要求是什么？

7. 解释下列名词：

　　沉淀形式　称量形式　固有溶解度　同离子效应　盐效应　酸效应　络合效应　聚集速度　定向速度　共沉淀现象　后沉淀现象　再沉淀　陈化　均匀沉淀法　换算因数。

8. 影响沉淀溶解度的因素有哪些？

9. 简述沉淀的形成过程，形成沉淀的类型与哪些因素有关？

10. 影响沉淀纯度的因素有哪些？如何提高沉淀的纯度？

11. 说明沉淀表面吸附的选择规律，如何减少表面吸附的杂质？

12. 简要说明晶形沉淀和无定形沉淀的沉淀条件。

13. 为什么要进行陈化？哪些情况不需要进行陈化？

14. 均匀沉淀法有何优点？

15. 有机沉淀剂较无机沉淀剂有何优点？有机沉淀剂必须具备什么条件？

四、计算题

1. 计算下列各组的换算因数。

	称量形式	测定组分
（1）	$Mg_2P_2O_7$	P_2O_5，$MgSO_4 \cdot 7H_2O$
（2）	Fe_2O_3	$(NH_4)_2Fe(SO_4)_2 \cdot 6H_2O$
（3）	$BaSO_4$	SO_3，S

2. 讨论下述各情况对 $BaSO_4$ 沉淀法测定结果影响（A. 偏高；B. 偏低；C. 无影响）：

　　（1）测 S 时有 Na_2SO_4 共沉淀；　　　（2）测 Ba 时有 Na_2SO_4 共沉淀；

(3)测 S 时有 H_2SO_4 共沉淀;　　　　(4)测 Ba 时有 H_2SO_4 共沉淀。

3. 称取 NaCl 基准试剂 0.1173g,溶解后加入 30.00 mLAgNO₃ 标准溶液,过量的 Ag^+ 需要 3.20 mL NH_4SCN 标准溶液滴定至终点。已知 20.00 mLAgNO₃ 标准溶液与 21.00 mL NH_4SCN标准溶液能完全作用,计算 $AgNO_3$ 和 NH_4SCN 溶液的浓度各为多少?

4. 称取 NaCl 试液 20.00 mL,加入 K_2CrO_4 指示剂,用 $0.102\ 3\ mol \cdot L^{-1}\ AgNO_3$ 标准溶液滴定,用去 27.00mL,求每升溶液中含 NaCl 若干克?

5. 称取银合金试样 0.300 0g,溶解后加入铁铵矾指示剂,用 $0.100\ 0mol \cdot L^{-1}NH_4SCN$ 标准溶液滴定,用去 23.80mL,计算银的质量分数。

6. 称取可溶性氯化物试样 0.226 6g,用水溶解后,加入 $0.112\ 1mol \cdot L^{-1}AgNO_3$ 标准溶液 30.00mL。过量的 Ag^+ 用 $0.118\ 5mol \cdot L^{-1}\ NH_4SCN$ 标准溶液滴定,用去 6.50mL,计算试样中氯的质量分数。

7. 用移液管从食盐槽中吸取试液 25.00mL,采用莫尔法进行测定,滴定用去 $0.101\ 3\ mol \cdot L^{-1}AgNO_3$标准溶液 25.36mL。往液槽中加入食盐(含 NaCl96.61%)4.500 0kg,溶解后混合均匀,再吸取 25.00mL 试液,滴定用去 $AgNO_3$ 标准溶液 28.42mL。如吸取试液对液槽中溶液体积的影响可以忽略不计,计算液槽中食盐溶液的体积为若干升?

8. 称取过磷酸钙肥料试样 0.489 1g,经处理后得到 0.113 6g$Mg_2P_2O_7$,试计算试样中 P_2O_5 和 P 的质量分数。

9. 今有纯 CaO 和 BaO 的混合物 2.212g,转化为混合硫酸盐后其质量为 5.023g,计算原混合物中 CaO 和 BaO 的质量分数。

10. 黄铁矿中硫的质量分数约为 36%,用重量法测定硫,欲得 0.50g 左右的 $BaSO_4$ 沉淀,问应称取试样的质量为若干克?

11. 欲测定硅酸盐中 SiO_2 的质量,称取试样 0.500 0g,得到不纯的 $SiO_2$0.283 5g。将不纯的 SiO_2 用 HF 和 H_2SO_4 处理,使 SiO_2 以 SiF_4 的形式逸出,残渣经灼烧后为 0.001 5g,计算试样中 SiO_2 的质量分数。若不用 HF 及 H_2SO_4 处理,测定结果的相对误差为多大?

参 考 答 案

一、单选题

1. B　　2. A　　3. B　　4. C　　5. C　　6. A　　7. A　　8. C　　9. C　　10. D
11. A　12. C　13. C　14. A　15. C　　16. A　17. D　18. D　19. C

二、填空题

1. 铬酸钾法、铁铵矾法、吸附指示剂法

2. $F = \dfrac{KHC_2O_4 \cdot H_2C_2O_4 \cdot 2H_2O}{2CaO}$, $F = \dfrac{2Fe}{Fe_2O_3}$

3. 铬酸钾　4. pH=6.5~10.5　5. 铁铵矾　6. KSCN　7. 吸附指示剂　8. 黄绿色变为粉红色　9. Cl^-,Br^- 和 CN^-;I^- 和 SCN^-;因 AgI 和 AgSCN 沉淀强烈吸附 I^- 和 SCN^-
10. D,B,A,C　11. 稀,热,慢,搅,陈

三、简答题

1. 答:沉淀滴定法是以沉淀反应为基础的一种滴定分析方法。

沉淀滴定法所用的沉淀反应,必须具备下列条件:

(1) 反应的完全程度高,达到平衡的速率快,不易形成过饱和溶液,即反应能定量进行。

(2) 沉淀的组成恒定,沉淀的溶解度必须很小,在沉淀的过程中不易发生共沉淀现象。

(3) 有确定终点的简便方法。

2. 答:(1) 莫尔法主要反应

$$Cl^- + Ag^+ = AgCl \downarrow$$

指示剂:铬酸钾

酸度条件

$$pH = 6.0 \sim 10.5$$

(2) 佛尔哈德法主要反应

$$Cl^- + Ag^+_{(过量)} = AgCl \downarrow$$
$$Ag^+_{(剩余)} + SCN^- = AgSCN \downarrow$$

指示剂:铁铵矾

酸度条件:$0.1 \sim 1 \ mol \cdot L^{-1}$

(3) 法扬司法主要反应

$$Cl^- + Ag^+ = AgCl \downarrow$$

指示剂:荧光黄

酸度条件:$pH = 7 \sim 10.5$

3. 答:(1) $BaCl_2$ 用佛尔哈德法或法扬司法。因为莫尔法能生成 $BaCrO_4$ 沉淀。

(2) Cl^- 用莫尔法。此法最简便。

(3) NH_4Cl 用佛尔哈德法或法扬司法。因为当 $[NH_4^+]$ 大了不能用莫尔法测定,即使 $[NH_4^+]$ 不大,酸度也难以控制。

(4) SCN^- 用佛尔哈德法最简便。

(5) $NaCO_3 + NaCl$ 用佛尔哈德法。如用莫尔法、法扬司法时生成 Ag_2CO_3 沉淀,造成误差。

(6) $NaBr$ 用佛尔哈德法最好。用莫尔法在终点时必须剧烈摇动,以减少 $AgBr$ 吸附 Br^- 而使终点过早出现。用法扬司法必须采用曙红作指示剂。

4. 答:(1) 偏高。因部分 CrO_4^{2-} 转变成 $Cr_2O_7^{2-}$,指示剂浓度降低,则终点推迟出现。

(2) 偏低。因有部分 $AgCl$ 转化成 $AgSCN$ 沉淀,返滴定时,多消耗硫氰酸盐标准溶液。

(3) 无影响。因 $AgBr$ 的溶解度小于 $AgSCN$,则不会发生沉淀的转化作用。

(4) 偏低。因 $AgCl$ 强烈吸附曙红指示剂,使终点过早出现。

(5) 无影响。因 AgI 吸附 I^- 的能力较曙红阴离子强,只有当 $[I^-]$ 降低到终点时才吸附曙红阴离子而改变颜色。

5. 答:1) 沉淀作用应在适当稀的溶液中进行;2) 应在不断搅拌下,缓慢加入沉淀剂;3) 沉淀作用应当在热溶液中进行;4) 陈化。

6. 答:要求沉淀要完全、纯净。

对沉淀形式的要求:溶解度要小、纯净、易于过滤和洗涤,易于转变为称量形式。

对称量形式的要求:沉淀的组分必须符合一定的化学式、足够的化学稳定性、尽可能大的摩尔质量。

7. 答:沉淀形式:往试液中加入沉淀剂,使被测组分沉淀出来,所得沉淀称为沉淀形式。

称量形式:沉淀经过过滤、洗涤、烘干或灼烧之后所得沉淀。

固有溶解度:难溶化合物在水溶液中以分子状态或离子对状态存在时的活度。

同离子效应:当沉淀反应达到平衡后,加入与沉淀组分相同的离子,以增大构晶离子,使沉淀溶解度减小的效应。

盐效应:由于强电解质盐类的存在,引起沉淀溶解度增加的现象。

酸效应:溶液的酸度对沉淀溶解度的影响。

配位效应:溶液中存在能与沉淀构晶离子形成配位化合物的配位剂时,使沉淀的溶解度增大的现象。

聚集速度:沉淀形成过程中,离子之间互相碰撞聚集成晶核,晶核再逐渐长大成为沉淀的微粒,这些微粒可以聚集为更大的聚集体。这种聚集过程的快慢,称为聚集速度。

定向速度:构晶离子按一定的晶格排列成晶体的快慢,称为定向速度。

共沉淀现象:在进行沉淀时某些可溶性杂质同时沉淀下来的现象。

后沉淀现象:当沉淀析出后,在放置过程中,溶液中的杂质离子慢慢在沉淀表面上析出的现象。

再沉淀:将沉淀过滤洗涤之后,重新溶解,再加入沉淀剂进行二次沉淀的过程。

陈化:亦称熟化,即当沉淀作用完毕以后,让沉淀和母液在一起放置一段时间,称为陈化。

均匀沉淀法:在一定条件下,使加入的沉淀剂不能立刻与被测离子生成沉淀,然后通过一种化学反应使沉淀剂从溶液中慢慢地均匀地产生出来,从而使沉淀在整个溶液中缓慢地、均匀地析出。这种方法称为均匀沉淀法。

换算因数:被测组分的摩尔质量与沉淀形式摩尔质量之比,它是一个常数。若分子、分母中主体元素的原子数不相等,应乘以适当的系数,这一比值称为"换算因数",亦称"化学因数"。

8. 答:主要有同离子效应、盐效应、酸效应和配位效应。此外还有温度、溶剂、沉淀颗粒的大小和沉淀的结构等。

9. 答:在难溶化合物的过饱和溶液中,构晶离子互相碰撞而形成晶核,其他构晶离子向晶核扩散并吸附于晶核(异相成核则为外来杂质微粒)之上,便逐渐成长为晶体。

形成沉淀的类型大体可分为三类:晶体沉淀、凝乳状沉淀和无定形沉淀。若溶液的相对过饱和度小时,沉淀速度很慢,沉淀主要是异相成核过程,从而可得到较大的沉淀颗粒,即晶体沉淀。若溶液的相对过饱和度大时,沉淀速度快,沉淀是异相成核与均相成核同时进行,从而可得到较小的沉淀颗粒,即凝乳状沉淀或无定形沉淀。

10. 答:影响沉淀纯度的因素有:共沉淀现象(表面吸附、吸留与包夹、生成混晶)和后沉淀现象。

提高沉淀纯度的措施有:选择适当的分析程序,降低易被沉淀吸附的杂质离子浓度,选择适当的洗涤剂进行洗涤,及时进行过滤分离,以减少后沉淀、进行再沉淀和选择适宜的沉淀条件。

11. 答:第一吸附层的吸附规律是:首先吸附构晶离子,其次是与构晶离子的半径大小相近、所带电荷相同的离子。

　　第二吸附层的吸附规律是:电荷数越高的离子越容易被吸附;与构晶离子能形成难溶或溶解度较小的化合物的离子容易被吸附。

　　此外沉淀的总表面积越大、杂质离子浓度越大吸附杂质越多,温度越高吸附杂质越少。

　　减少表面吸附杂质的办法:(1)选择适当的分析程序;(2)降低易被吸附的杂质离子浓度;(3)用适当的洗涤剂进行洗涤;(4)必要时进行再沉淀;(5)选择适当的沉淀条件。

12. 答:晶形沉淀的沉淀条件:在适当稀的溶液中进行,并加入沉淀剂的稀溶液;在不断搅拌下逐滴加入沉淀剂以进行沉淀;沉淀作用应在热溶液中进行;沉淀之后进行陈化。

　　无定形沉淀的沉淀条件:沉淀作用应在比较浓的溶液中进行,加沉淀剂的速度也可以适当快一些;沉淀作用应在热溶液中进行;在溶液中加入适当的电解质;不必陈化;必要时进行再沉淀。

13. 答:初生成的沉淀颗粒有大有小,而大颗粒的溶解度比小颗粒小,经陈化之后,小的沉淀颗粒溶解,大的沉淀颗粒长得更大;另外还可以使亚稳态晶型沉淀变成稳态晶型沉淀,使不完整的晶体沉淀变成完整的晶体沉淀,因而减少杂质含量,便于过滤和洗涤,所以要进行陈化过程。

　　当有后沉淀现象发生时,陈化反应增加杂质的含量;对于高价氢氧化物陈化时会失去水分而聚集得十分紧密,不易洗涤除去所吸附的杂质。所以在上述情况下,沉淀完毕应立即过滤,不需要进行陈化。

14. 答:均匀沉淀法使沉淀剂从溶液中缓慢地、均匀地产生出来,避免了沉淀剂局部过浓的现象,因而过饱和不致超过临界过饱和比太多,产生的晶核较少,易于过滤和洗涤。

15. 答:有机沉淀剂有以下优点:(1)选择性高;(2)沉淀的溶解度小,有利于被测组分的沉淀完全;(3)沉淀吸附杂质少;(4)沉淀称量形式的摩尔质量大,则同样量的被测物质可以得到质量更多的沉淀,减少称量误差。

　　有机沉淀剂必须具备的条件:能生成螯合物的沉淀剂必须具有酸性基团如:—COOH,—SO$_3$H 等,还必须具备含有配位原子的碱性基团如—NH$_2$,$\rangle$C =O 等。生成缔合物的沉淀剂必须在溶液中能够电离出大体积的离子,这种离子与被测离子带有异性电荷,而结合成缔合物沉淀。

四、计算题

1. 解:(1)　$\dfrac{M_{P_2O_5}}{M_{Mg_2P_2O_7}}=\dfrac{141.94}{222.55}=0.6378$, $\dfrac{2M_{MgSO_4 \cdot 7H_2O}}{M_{Mg_2P_2O_7}}=\dfrac{2\times246.49}{222.55}=2.215$

　　(2)　$\dfrac{2M_{(NH_4)_2Fe(SO_4)_2 \cdot 6H_2O}}{M_{Fe_2O_3}}=\dfrac{2\times392.17}{159.69}=4.912$

　　(3)　$\dfrac{M_{SO_3}}{M_{BaSO_4}}=\dfrac{80.07}{233.37}=0.3431$　　$\dfrac{M_S}{M_{BaSO_4}}=\dfrac{32.066}{233.37}=0.1374$

2. 解:(1)B　(2)A　(3)B　(4)C

3. 解:设 $AgNO_3$ 和 NH_4SCN 溶液的浓度分别为 c_{AgNO_3} 和 c_{NH_4SCN}

由题意可知:

$$\frac{c_{AgNO_3}}{c_{NH_4SCN}} = \frac{21}{20}$$

则过量的 Ag^+ 体积为:$(3.20 \times 20)/21 = 3.048 mL$

则与 $NaCl$ 反应的 $AgNO_3$ 的体积为 $30 - 3.0476 = 26.95 mL$

因为

$$n_{Cl^-} = n_{Ag^+} = \frac{0.1173}{58.44} = 0.002000 mol$$

故

$$c_{AgNO_3} = \frac{n_{Cl^-}}{V_{AgNO_3}} = \frac{0.002000}{26.95 \times 10^{-3}} = 0.07421 mol \cdot L^{-1}$$

$$c_{NH_4SCN} = \frac{20}{21} \times c_{AgNO_3} = 0.07067 mol \cdot L^{-1}$$

4. 解:由题意可知

$$Cl^- + Ag^+ = AgCl$$

$$c_{NaCl} = \frac{(cV)_{AgNO_3}}{V_{NaCl}} = \frac{0.1023 \times 27.00 \times 10^{-3}}{20.00 \times 10^{-3}} = 0.1363 mol \cdot L^{-1}$$

$$m_{NaCl} = (cM)_{NaCl} = 0.1363 \times 58.5 = 7.974 \ g/L$$

5. 解:由题意可知

$$n_{Ag} = n_{NH_4SCN} = 0.1000 \times 0.0238 = 0.00238 mol$$

$$AgNO_3\% = (n_{Ag} \times M_{Ag})/m_S = (0.00238 \times 107.8682)/0.3000 = 85.58\%$$

6. 解:据题意:与可溶性氯化物试样作用的 $AgNO_3$ 的物质的量为

$$n_{Cl^-} = n_{AgNO_3} - n_{NH_4SCN} = 0.1121 \times 30.00 \times 10^{-3} - 0.1185 \times 6.50 \times 10^{-3} = 0.002593 mol$$

$$W_{Cl^-}\% = \frac{n_{Cl^-} \cdot M_{Cl^-}}{m_S} = \frac{0.002593 \times 35.45}{0.2266} \times 100\% = 40.56\%$$

7. 解:分析题意,加入食盐后用去溶液的体积与原用去溶液的体积之差,即为滴定加入 4.5000kg 食盐溶液的体积。

设液槽中食盐溶液的体积为 V,据题意:

$$\frac{96.61\% \times 4.500 \times 1000}{58.44} = \frac{0.1013 \times (28.42 - 25.36)}{25} V$$

解之得 $V = 6000 L$

8. 解:

$$\frac{M_{P_2O_5}}{M_{Mg_2P_2O_7}} = \frac{141.94}{222.55} = 0.6378$$

$$P_2O_5\% = \frac{0.1136 \times 0.6378}{0.4891} \times 100\% = 14.82\%$$

P 的化学因数等于

$$\frac{2M_P}{M_{Mg_2P_2O_7}} = \frac{2 \times 30.97}{222.55} = 0.278\ 3$$

$$P\% = \frac{0.113\ 6 \times 0.278\ 3}{0.489\ 1} \times 100\% = 6.464\%$$

9. 解:设 CaO 的质量为 xg,则 BaO 的质量为:$2.212 - x$g

$$\frac{M_{CaSO_4}}{M_{CaO}}x + \frac{M_{BaSO_4}}{M_{BaO}}(2.212 - x) = 5.023$$

$$\frac{136.2}{56.08}x + \frac{233.4}{153.3}(2.212 - x) = 5.023$$

解得

$$x = 1.828\text{g}$$

$$\text{CaO}\% = \frac{1.828}{2.212} \times 100\% = 82.64\%$$

$$\text{BaO}\% = \frac{2.212 - 1.828}{2.212} \times 100\% = 17.36\%$$

10. 解:设应称取试样的质量为 Wg,则

$$\frac{0.50 \times \dfrac{M_s}{M_{BaSO_4}}}{W} \times 100\% = 36\%$$

$$\frac{0.50 \times \dfrac{32.06}{233.4}}{W} \times 100\% = 36\%$$

解得

$$W = 0.19\text{g}$$

11. 解: $$\text{SiO}_2\% = \frac{0.283\ 5 - 0.001\ 5}{0.500\ 0} \times 100\% = 56.40\%$$

若不用 HF 处理,所得结果为

$$\text{SiO}_2\% = \frac{0.283\ 5}{0.500\ 0} \times 100\% = 56.70\%$$

分析结果的相对误差为

$$\frac{56.70 - 56.40}{56.40} \times 100\% = 0.53\%$$

(孙　莲)

附录1　分析化学常用仪器英文词汇

白瓷板　white porcelain board

比重瓶　pycnometer

玻璃棒　glass rod

玻璃漏斗　glass funnel

滴定管　burette

滴管　dropper

碘瓶　iodine flask

电炉　electric furnace

分析天平　analytical balance

分液漏斗　separatory funnel

活塞　stopcock

碱式滴定管　alkali burette

刻度吸量管　graduated pipette

冷凝器　condenser

量筒　graduated cylinder

漏斗架　funnel stand

容量瓶　volumetric flask

烧杯　beaker

烧杯　beaker

勺皿　casserole

试管　test tube

试管夹　test tube clamp；test tube holder

试剂瓶　reagent bottle

水浴锅　water bath kettle

酸式滴定管　acid burette

铁支架　siderocradle

托盘天平(台秤)　platform balance

温度计　thermometer

洗耳球　ear washing bulb

洗瓶　wash bottle

橡胶洗耳球　rubber suction bulb

研钵　mortar

药匙　medicine spoon

移液管　pipette

圆底烧瓶　round-bottom flask

蒸发皿　evaporating dish

直型冷凝器　rectocondenser

锥形瓶　conical flask

锥形瓶　erlenmeyer flash

附录2 分析化学汉英名词词汇

第一章 绪 论

分析化学 analytical chemistry
定性分析 qualitative analysis
定量分析 quantitative analysis
物理分析 physical analysis
物理化学分析 physico-chemical analysis
仪器分析法 instrumental analysis
流动注射分析法 flow injection analysis, FIA
顺序注射分析法 sequential injection analysis, SIA
化学计量学 chemometrics

第二章 误差和分析数据处理

绝对误差 absolute error
相对误差 relative error
系统误差 systematic error
可定误差 determinate error
偶然误差 accidental error
不可定误差 indeterminate error
准确度 accuracy
精确度 precision
偏差 debiation, d
平均偏差 average deviation
相对平均偏差 relative average deviation
标准偏差(标准差) standard deviation, S
相对平均偏差 relative standard deviation, RSD
变异系数 coefficient of variation
误差传递 propagation of error
有效数字 significant figure
置信水平 confidence level
显著性水平 level of significance
合并标准偏差(组合标准差) pooled standard
  deviation
舍弃商 rejection quotient

第三章 滴定分析法概论

滴定分析法 titrimetric analysis
滴定 titration
容量分析法 volumetric analysis
化学计量点 stoichiometric point
等当点 equivalent point
电荷平衡 charge balance
电荷平衡式 charge balance equation
质量平衡 mass balance
物料平衡 material balance
质量平衡式 mass indicator

第四章 酸碱滴定法

酸碱滴定法 acid-base titration
质子自递反应 autoprotolysis reaction
质子自递常数 autoprotolysis constant
质子平衡式 proton balance equation
酸碱指示剂 acid-base indicator
指示剂常数 indicator constant
变色范围 colour change interval
混合指示剂 mixed indicator
双指示剂滴定法 double indicator titration

第五章 非水溶液中的酸碱滴定法

非水滴定法 nonaqueous titration
质子溶剂 protonic solvent
酸性溶剂 acid solvent
碱性溶剂 basic solvent
两性溶剂 amphoteric solvent
非质子溶剂 aprotic solvent
辨别效应 differentiating effect
区分溶剂 differentiating solvent
离子化 ionization

离解　dissociation
结晶紫　crystal violet
萘酚苯甲醇　α-naphthalphenol benzyl alcohol
奎哪啶红　quinaldine red
百里酚蓝　thymol blue
偶氮紫　azo violet
溴酚蓝　bromophenol blue

重氮化反应　diazotization reaction
重氮化滴定法　diazotization titration
亚硝基化反应　nitrozation reaction
亚硝基化滴定法　nitrozation titration
外(用)指示剂　external indicator
(液)外指示剂　outside indicator
重铬酸钾法　potassium dichromate method

第六章　配位滴定法

配位滴定法　compleximetry
乙二胺四乙酸　ethylenediamine tetraacetic acid, EDTA
螯形化合物　chelate compound
金属指示剂　metal lochrome indcator

第八章　沉淀滴定法和重量分析法

沉淀滴定法　precipitation titration
容量滴定法　volumetric precipitation method
银量法　argentometric method
重量分析法　gravimetric analysis
挥发法　volatilization method
引湿水(湿存水)　water of hydroscopicity
吸留水　occluded water
吸入水　water of imbibition
结晶水　water of crystallization
组成水　water of composition
液-液萃取法　liquid-liquid extration
溶剂萃取法　solvent extration
反萃取　counter extraction
分配系数　partition coefficient
分配比　distribution ratio
离子对(离子缔合物)　ion pair
沉淀形式　precipitation form
称量形式　weighing form

第七章　氧化-还原滴定法

氧化还原滴定法　oxidation-reduction titration
碘量法　iodimetry
溴量滴定　bromimetry
铈量法　cerimetry
高锰酸钾法　potassium permanganate method
条件电位　conditional potential
溴酸钾法　potassium bromate method
硫酸铈法　cerium sulphate method
偏高碘酸　metaperiodic acid
高碘酸盐　periodate
亚硝酸钠法　sodium nitrite method